ANDREAS BOHNER

PRAXISFÜHRER *Almpflanzen*

FUTTER- UND ZEIGERPFLANZEN IM ALPENRAUM VERSTEHEN

Leopold Stocker Verlag
Graz – Stuttgart

Umschlaggestaltung, Layout und Repro:
Werbeagentur Rypka GmbH, 8143 Dobl/Graz, www.rypka.at

Titelbild: © Bohner, A.
Autorenfoto Umschlag-Rückseite: © HBLFA Raumberg-Gumpenstein
Alle nicht anders gekennzeichneten Fotos stammen vom Autor.
Zeichnungen: © Dr. Maria Ledinek (ML)

Bibliografische Information der Deutschen Nationalbibliothek:
Die Deutsche Nationalbibliothek verzeichnet diese Publikation in der Deutschen Nationalbibliographie; detaillierte bibliographische Daten sind im Internet über http://dnb.d-nb.de abrufbar.

Hinweis:
Dieses Buch wurde auf chlorfrei gebleichtem Papier gedruckt. Die zum Schutz vor Verschmutzung verwendete Einschweißfolie ist aus Polyethylen chlor- und schwefelfrei hergestellt. Diese umweltfreundliche Folie verhält sich grundwasserneutral, ist voll recyclingfähig und verbrennt in Müllverbrennungsanlagen völlig ungiftig.

Auf Wunsch senden wir Ihnen gerne kostenlos unser Verlagsverzeichnis zu:
Leopold Stocker Verlag GmbH
Hofgasse 5
Postfach 438
A-8011 Graz
Tel.: +43 (0)316/82 16 36
Fax: +43 (0)316/83 56 12
E-Mail: stocker-verlag@stocker-verlag.com
www.stocker-verlag.com

ISBN 978-3-7020-2100-9

Inhalts-verzeichnis

Ein paar Gedanken vorab

Almen sind eine attraktive Kulturlandschaft mit hoher Biodiversität. Sie erbringen zahlreiche Ökosystemleistungen. Um diese zu erhalten, ist eine intakte Almwirtschaft notwendig. Davon profitiert auch die Gesellschaft.

Was Almökosysteme leisten:

- Versorgung: Bereitstellung von Futterpflanzen für Nutz- und Wildtiere, Arznei-, Volksarznei-, Likör-, Gewürz-, Duft-, Kosmetik- und Färberpflanzen, Wildkräutern, Wildobst, tierischen Produkten (Milch, Käse, Topfen, Butter), genetische Ressourcen (Saatgut), Trinkwasser
- Regulation: Biodiversität; Kohlenstoffspeicherung; Erhalt der Bodenqualität und Bodenfruchtbarkeit; Erosionsschutz (Schutz vor Plaikenerosion)
- Soziokulturelle Leistungen: ästhetische Werte (Landschaftsbild, Ausblick, Fernsicht); Gesundheit, Erholung und Wohlbefinden (Sport-, Freizeit- und Erholungsaktivitäten); Almkulinarik; Rückzugsraum bei Inversionswetterlagen im Herbst und Winter sowie bei hoher Pollenbelastung in den Tal- und Beckenlagen; Infrastruktur (Wege, Almstraßen, Sitzbänke, Almbrunnen); Sicherheitsaspekte (Aufenthaltsraum oder Unterstand bei Schlechtwetter); Orientierungspunkte bei Nebel und schlechter Sicht; Orte für medizinische Hilfeleistungen; natur- und kulturhistorische Aspekte (Natur- und Kulturdenkmäler, Landschaftselemente); Heimatverbundenheit; geistige und künstlerische Inspiration (Literatur, Malerei, Fotografie, Musik); Brauchtum und Tradition (Singen und Musizieren, Tanzen, Almabtrieb, Almwandertag); altes Wissen (z. B. Kochrezepte, Volksheilkunde) und Handwerk (z. B. Errichtung, Erhaltung und Pflege von Kulturlandschaftselementen); Wissensvermittlung und Umweltbildung (Lehrpfade, Kräuterkurse, Exkursionen); wissenschaftliche Erkenntnisse; religiöse Aspekte (Almkreuz, Almkapelle).

Pflanzenarten stellen unterschiedliche Ansprüche an den Standort und die Bewirtschaftung. Ihre Futterqualität variiert je nach Nutztiergattung. Einige Arten sind besonders eng an bestimmte Standorteigenschaften und Bewirtschaftungsmaßnahmen gebunden und sie reagieren äußerst empfindlich gegenüber deren Veränderung. Diese Arten (Zeigerpflanzen) können für die

Beurteilung von Almflächen hinsichtlich Standortbedingungen und Nutzungsintensität verwendet werden. Um Zeigerpflanzen in der Praxis einsetzen zu können und Almpflanzen hinsichtlich Futterqualität und Regulierungsmöglichkeiten richtig einschätzen zu können, müssen sie zunächst als Art erkannt werden.

Das vorliegende Buch liefert praxisrelevante Informationen über die wichtigsten Futter- und Zeigerpflanzen in der Almregion. Es enthält detaillierte Pflanzenbeschreibungen von typischen Almpflanzen sowie Angaben über ihre Standortansprüche, die bevorzugten Lebensräume, den Futterwert und die Beeinflussung durch Regulierungsmaßnahmen. Zusatzinformationen über die Verwendung in Küche und Garten sowie die Einsatzmöglichkeiten in der Human- und Tiermedizin runden das Buch ab. Auf Verwechslungsmöglichkeiten mit anderen Pflanzenarten wird, falls nötig, hingewiesen.

Es gibt zahlreiche Futter- und Zeigerpflanzen in der Almregion. Aus Platzgründen musste daher eine Auswahl an Arten getroffen werden. Schwierig zu bestimmende Arten, seltene Arten sowie Arten mit kleinem Verbreitungsgebiet oder mit Verbreitungsschwerpunkt in den Tal- und Beckenlagen wurden in diesem Buch nicht berücksichtigt.

Die Standortangaben und der Zeigerwert der Arten gelten nur für die Almregion. Eine Übertragung auf Tal- und Beckenlagen ist nicht zulässig! Die Angaben zur Höhenverbreitung der einzelnen Arten sind grobe Orientierungswerte.

Für die Benutzung dieses Buches sind weder botanische noch bodenkundliche Vorkenntnisse erforderlich. Fachbegriffe werden im Glossar erklärt. Fotos und Zeichnungen von wichtigen Merkmalen unterstützen die Pflanzenbestimmung. Manche Pflanzen haben mehrere deutsche Namen. In diesem Buch wird immer der gebräuchlichste deutsche Artname verwendet.

Es gibt zahlreiche Bücher über Gebirgspflanzen. Sie dienen primär zur Pflanzenbestimmung. Für Almbewirtschafterinnen und Almbewirtschafter fehlt allerdings der Praxisbezug. Das vorliegende Buch ist kein typisches Pflanzenbestimmungsbuch. Das Besondere daran ist, dass die Standortfaktoren Klima, Gesteinsuntergrund und Boden in einem eigenen Kapitel ausführlich beschrieben sind. Wichtige Bodenmerkmale sind mit Fotos dokumentiert. Das erleichtert die eigenständige Beurteilung und Bewertung von Almflächen.

Das vorliegende Buch bietet praxisrelevante Informationen über Almpflanzen und ihre Lebensräume. Es soll dem Almpersonal bei der Optimierung der Almbewirtschaftung behilflich sein. Es richtet sich an alle Personen, die Almwirtschaft betreiben, unterstützen, lehren oder lernen. Es soll Almbewirtschafterinnen und Almbewirtschafter motivieren, Zeigerpflanzen sinnvoll in der Praxis anzuwenden.

Damit ist dieses Buch allen Personen gewidmet, denen eine nachhaltige Almbewirtschaftung ein Anliegen ist – so wie mir.

Dr. Andreas Bohner
Irdning-Donnersbachtal, Mai 2024

Almen sind Natur-, Wirtschafts- und Erholungsräume, die unterhalb der klimatischen Waldgrenze ohne Bewirtschaftung binnen weniger Jahrzehnte verschwinden.

Pflanzen verstehen

KLIMA

Das Klima ist ein entscheidender Standortfaktor. Das Vorkommen und die Höhenverbreitung von Pflanzenarten werden maßgeblich vom Klima bestimmt. Die meisten Klimaelemente verändern sich mit zunehmender Seehöhe. In der Almregion herrscht daher ein anderes Klima vor als in den Tal- und Beckenlagen.

Der **Luftdruck** nimmt mit der Höhe ab. Die Luft enthält im Gebirge pro Volumeneinheit weniger Wasserdampf, Sauerstoff und Kohlendioxid als in den Tal- und Beckenlagen. Die niedrige absolute **Luftfeuchtigkeit** bewirkt die gute Fernsicht im Hochgebirge.

Die **Lufttemperatur** nimmt pro 100 m Höhenzunahme um ca. 0,6 °C ab. Die Pflanzen wachsen deshalb im Gebirge langsamer als im Tal und die Wuchshöhe ist niedriger. Wärmebedürftige Futterpflanzen (z. B. Raigräser, Glatthafer) fehlen temperaturbedingt ab einer gewissen Seehöhe. Der Temperaturunterschied zwischen Süd- und Nordhang wird mit zunehmender Seehöhe größer. Pflanzen mit höherem Wärmebedarf wachsen daher im Gebirge bevorzugt auf südexponierten Hängen.

Sonneneinstrahlung, UV-Strahlung und Ausstrahlung nehmen mit der Höhe zu. Die Pflanzen müssen deshalb im Gebirge große **Temperaturschwankungen** zwischen Tag und Nacht aushalten.

Auch wertvolle Futterkräuter wie die Alpen-Mutterwurz wachsen im Gebirge oft neben Steinblöcken. Daher kommt der alte Spruch: „Das Kraut beim Stein ist wie das Fleisch beim Bein."

Aufgrund der hohen nächtlichen Ausstrahlung besteht für die Pflanzen vor allem im Hochgebirge eine ständige Frostgefahr. Sie müssen auch während der Wachstumsperiode frostunempfindlich sein. Die täglichen Minimumtemperaturen beeinflussen deshalb sehr wesentlich die Artenzusammensetzung der Almvegetation. Felswände und Steinblöcke auf der Bodenoberfläche werden im Gebirge aufgrund der großen Sonneneinstrahlung tagsüber stark erwärmt. Sie schaffen ein günstiges Mikroklima für Pflanzen.

Die jährliche Niederschlagsmenge, die Mächtigkeit der Schneedecke und Dauer der Schneebedeckung sowie die mittlere Windgeschwindigkeit nehmen mit der Höhe zu. Die Randalpen sind wegen des Luv-Lee-Effektes deutlich niederschlags- und schneereicher als die Innenalpen. Die Länge der **Vegetationsperiode** verkürzt sich wegen der niedrigen Lufttemperaturen und langen Schneebedeckung im Durchschnitt um 6–7 Tage pro 100 m Höhenzunahme.

Im Gebirge entscheidet das Mikroklima über Vorkommen und Wachstum einzelner Pflanzen. Die Zirbe beispielsweise wächst an ihrer oberen Verbreitungsgrenze nur an wärmebegünstigten, windgeschützten Standorten.

Die niedrigen Lufttemperaturen während der Vegetationsperiode (Wärmemangel) und die kurze Vegetationszeit sind die begrenzenden klimatischen Faktoren für das Pflanzenwachstum in der Almregion. Ungünstige makroklimatische Bedingungen können nicht durch Bewirtschaftungsmaßnahmen (Düngung, Weidemanagement, Weidepflege) kompensiert werden!

HÖHENSTUFEN DER VEGETATION

Aufgrund abnehmender Lufttemperatur ändert sich die Vegetation mit der Höhe, allerdings nicht gleichmäßig, sondern in Stufen. Die Übergänge zwischen den einzelnen Stufen sind fließend. Jede Stufe ist durch charakteristische Arten und Pflanzengesellschaften gekennzeichnet. Die Almen befinden sich in der montanen, subalpinen und alpinen Stufe.

In Abhängigkeit von der geographischen Lage (Makroklima) und Exposition sind die Höhenstufengrenzen verschieden. Sie liegen im Alpeninneren (Innenalpen) wegen des Massenerhebungseffektes höher als am Alpenrand (Randalpen). Sie sind in den nördlichen Randalpen sowie an Nordhängen niedriger als in den südlichen Randalpen oder an Südhängen. Durch die Klimaerwärmung werden sich die Höhenstufengrenzen künftig nach oben verschieben.

Die natürliche Vegetation in der **montanen Stufe** besteht aus verschiedenen Waldgesellschaften (insbesondere Buchen-Wälder, Fichten-Wälder, Fichten-Tannen-Buchen-Wälder, Fichten-Tannen-Wälder, Fichten-Lärchen-Wälder). Die montane Stufe reicht bis zur klimatischen Waldgrenze.

Die **subalpine Stufe** befindet sich zwischen der Grenze des geschlossenen Waldes (1.500 bis 2.000 m) und der Baum- und Krummholzgrenze (1.800 bis 2.100 m). Sie repräsentiert die „Kampfzone" des Waldes. Die Vegetation besteht vorwiegend aus aufgelockerten Fichten-Wäldern, Fichten-Lärchen-Wäldern, Lärchen-Zirben-Wäldern, Lärchen-Wäldern (Lärchweiden), Grün-Erlen- und Latschen-Gebüsch.

Oberhalb der natürlichen Baumgrenze, in der **unteralpinen Stufe**, dominieren Zwergstrauchheiden.

Die **oberalpine Stufe** befindet sich in einer Seehöhe zwischen 1.900 und 2.800 m. Sie ist durch geschlossene Rasengesellschaften gekennzeichnet.

Es handelt sich dabei um „Urwiesen", die nicht durch Mahd oder Beweidung entstanden sind. In der alpinen Stufe ist aus klimatischen Gründen (zu kurze Vegetationsperiode) ein Baumwuchs nicht mehr möglich. Kleinsträucher (z. B. Schweizer Weide) hingegen können die alpine Stufe noch besiedeln. Die Obergrenze geschlossener Rasengesellschaften befindet sich in einer Seehöhe zwischen 2.500 und 2.800 m.

Almen sind unterhalb der klimatischen Waldgrenze mit wenigen Ausnahmen (z. B. aktive Lawinenbahnen) potenzielle Waldstandorte. Seit der Bronzezeit (etwa 1700 Jahre v. Chr.) hat der Mensch durch Brandrodung und Abholzung von Wäldern insbesondere auf Trogschultern, Hochebenen und wärmebegünstigten Sonnenhängen Almflächen geschaffen.

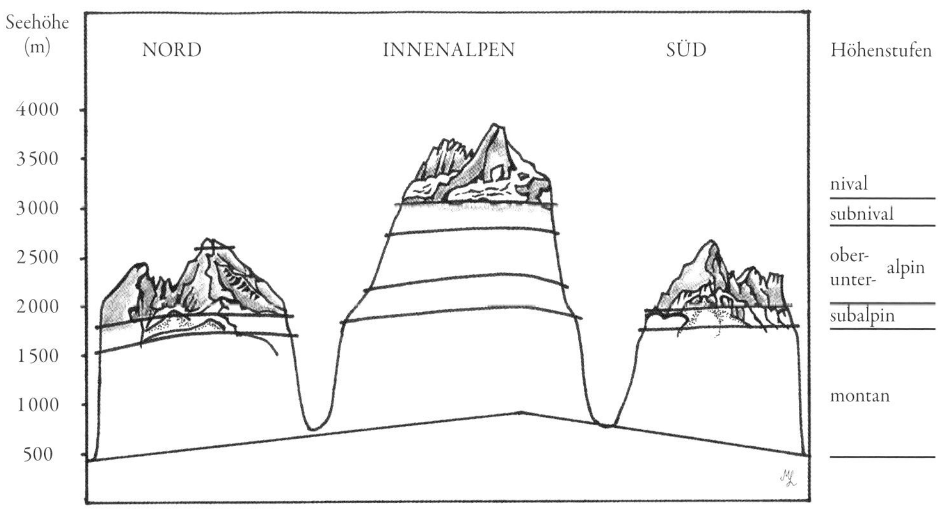

Abbildung 1: Höhenstufen der Vegetation in den Ostalpen

Auch durch Waldweide (Tritt- und Verbissschäden an jungen Bäumen) wurden Wälder gelichtet und die Waldgrenze nach unten verschoben. Daher liegt die aktuelle (anthropogene) Waldgrenze um 200 bis 300 m tiefer als die natürliche (klimatische) Waldgrenze. Durch die Umwandlung von Wald- in Almflächen erhöhte sich die Pflanzenvielfalt deutlich.

Natürliches Grasland kommt in Österreich großflächig nur in der oberalpinen Stufe vor.

Die anthropogene Waldgrenze verläuft meist geradlinig. Charakteristisch ist eine scharfe Abgrenzung zwischen Wald und Almfläche.

PFLANZENGESELLSCHAFTEN

In der Almregion ist die Lebensraumvielfalt sehr hoch. Daher gibt es zahlreiche Pflanzengesellschaften.

Die flächenmäßig bedeutendsten Vegetationstypen auf Almen sind:

- Bergfettwiesen
- Bergfettweiden
- Kalkmagerweiden
- Lägerfluren
- Hochstaudenfluren
- Zwergstrauchheiden
- Silikat-Magerrasen
- Kalk-Magerrasen
- Urwiesen

Bergfettwiesen

In der montanen und subalpinen Stufe sind **Goldhaferwiesen** und **Rot-Schwingel-Straußgraswiesen** weit verbreitet. Bergfettwiesen sind in der Regel arten- und kräuterreicher und somit auch bunter als Talfettwiesen. Sie ergrünen im Frühling früher als Magerwiesen und -weiden.

Goldhaferwiesen liefern ein ertragreiches und qualitativ hochwertiges Futter.

Die Rot-Schwingel-Straußgraswiese liefert mangan- und zinkreiches Futter mittlerer Qualität.

Goldhaferwiesen werden mit almeigenem Mist gedüngt, je nach Höhenlage ein- bis zweimal pro Jahr gemäht und gegen Ende der Almsaison oft nachbeweidet. Die bunte Pflanzengesellschaft kommt bevorzugt auf carbonatfreien oder carbonathaltigen, schwach bis mäßig sauren, nährstoffreichen, frischen Braunerden, Kalkbraunlehmen und tiefgründigen Pararendzinen auf ebenen Flächen oder schwach geneigten Hanglagen meist in der unmittelbaren Umgebung von Almhütten oder Viehställen vor. Goldhaferwiesen liefern ein ertragreiches und qualitativ hochwertiges Futter. Der Wiesen-Goldhafer ist Hauptbestandsbildner. Weitere typische Arten sind Rote Lichtnelke, Gewöhnliche Perücken-Flockenblume, Wimper-Kälberkropf, Kümmel, Wald-Storchschnabel, Alpen-Krokus, Hohe Schlüsselblume, Berg-Sauerampfer, Berg-Hahnenfuß und Frauenmantel-Arten.

Rot-Schwingel-Straußgraswiesen werden nicht oder nur gelegentlich mit almeigenem Mist gedüngt, einmal pro Jahr gemäht und gegen Ende der Almsaison oft nachbeweidet. Die Pflanzengesellschaft besiedelt vor allem carbonatfreie, mäßig bis stark saure, mäßig nährstoffreiche, frische Braunerden. Rot-Schwingel und Rot-Straußgras sind Hauptbestandsbildner. Zum charakteristischen Arteninventar gehören Wiesen-Ruchgras, Wiesen-Hainsimse, Weiches Honiggras, Gras-Sternmiere, Flecken-Johanniskraut, Busch-Windröschen, Wiesen-Margerite, Rauer Löwenzahn und Kriech-Schaumkresse. Die Rot-Schwingel-Straußgraswiese zählt in Österreich zu den gefährdeten Pflanzengesellschaften. Sie liefert mangan- und zinkreiches Futter mittlerer Qualität.

Bergfettweiden

Bergfettweiden werden meist gedüngt und intensiv beweidet. Sie kommen aber auch ohne Düngung auf natürlichen Nährstoffanreicherungsstandorten (z. B. Unterhang, Hangverebnung) vor. Sie befinden sich häufig in der Nähe von Almhütten oder Viehställen insbesondere auf ebenen Flächen oder schwach geneigten Hanglagen. Die leguminosen- und kräuterreichen, bunten Pflanzengesellschaften kommen auf carbonatfreien oder carbonathaltigen, mäßig sauren bis schwach alkalischen, nährstoffreichen, frischen oder krumenwechselfeuchten Böden vor. Bergfettweiden repräsentieren die almwirtschaftlich wertvollsten Weidegesellschaften. Sie liefern ein qualitativ hochwertiges Futter. Im Frühling fallen die Pflanzenbestände durch ihre saftig-frischgrüne Farbe auf.

Gold-Pippau und Wiesen-Kammgras sind bestimmende Pflanzenarten der wertvollen Gold-Pippau-Kammgrasweiden.

Die **Gold-Pippau-Kammgrasweide** ist in der montanen Stufe die wichtigste Fettweidegesellschaft. Sie wird in der subalpinen und unteralpinen Stufe von der **Milchkrautweide** abgelöst.

In der Gold-Pippau-Kammgrasweide kommen Gold-Pippau, Wiesen-Kammgras, Rot-Schwingel, Kümmel, Rauer Löwenzahn, Herbst-Löwenzahn, Gänseblümchen, Kleine Brunelle, Quendel-Ehrenpreis, Mittlerer Wegerich und Weiß-Klee häufig vor.

Alpen-Rispengras, Alpen-Lieschgras, Braun-Klee, Schnee-Klee, Gold-Pippau, Berg-Hahnenfuß, Quell-Hornkraut, Rauer Löwenzahn und Alpen-Mutterwurz sind charakteristische Arten der Milchkrautweide.

Milchkrautweide: Die Bezeichnung leitet sich von den Milchkräutern Gold-Pippau und Rauer Löwenzahn ab.

Kalkmagerweiden

Kalkmagerweiden besiedeln frische bis mäßig halbtrockene, carbonathaltige, schwach saure bis schwach alkalische, nährstoffarme Rendzinen und Pararendzinen in der montanen Stufe. Die arten-, kräuter- und leguminosenreiche, bunte Pflanzengesellschaft wird nicht gedüngt und extensiv bis mäßig intensiv beweidet.

Charakteristische Arten sind Silberdistel, Große Brunelle, Mittlerer Wegerich, Zypressen-Wolfsmilch, Schneerose, Rau-Kranzenzian, Gewöhnlicher Fransenenzian, Frühlings-Enzian, Zittergras, Blau-Segge, Berg-Segge, Gewöhnlicher Hufeisenklee, Wiesen-Hornklee, Echter Wundklee und Dorn-Hauhechel. Leguminosenreiche Kalkmagerweiden liefern ein qualitativ hochwertiges Futter.

Zahlreiche wärmebedürftige und trockenheitstolerante Pflanzen kommen gemeinsam mit Gebirgspflanzen in Kalkmagerweiden vor.

Lägerfluren

In der Nähe von Almhütten oder Viehställen, auf Viehlagerplätzen und in Geländevertiefungen sind häufig artenarme **Alpen-Ampferfluren** anzutreffen. Die Böden sind oft verdichtet, sehr stark humos, carbonatfrei oder carbonathaltig, meist mäßig sauer, sehr nährstoffreich und vor allem mit Stickstoff und Kalium überdüngt.

Die Alpen-Ampferflur bildet eine langlebige Pflanzengesellschaft, die auch nach Aufgabe der Almbewirtschaftung noch lange bestehen bleibt. Sie hat einen geringen landwirtschaftlichen Wert, weil hochwertige Futterpflanzen weitgehend fehlen. Die hochstaudenreiche Pflanzengesellschaft kommt in der montanen und subalpinen Stufe insbesondere auf frischen oder krumenwechselfeuchten Standorten vor und wird vom Alpen-Ampfer dominiert. Weitere typische Arten sind Berg-Sauerampfer, Wald-Sternmiere, Blauer Eisenhut, Berg-Greiskraut, Große Brennnessel, Quirl-Weidenröschen und Frauenmantel-Arten.

Hochwertige Futterpflanzen fehlen meist in der Alpen-Ampferflur.

Hochstaudenfluren

Hochstaudenfluren besiedeln tiefgründige, carbonatfreie oder carbonathaltige, mäßig saure bis schwach alkalische, nährstoffarme bis mäßig nährstoffreiche, frische Böden (z. B. Braunerde, Kalkbraunlehm, Pararendzina) in der montanen und subalpinen Stufe. Die Standorte sind windarm und oft lange mit Schnee bedeckt.

Hochstaudenfluren kommen auf waldfähigen Standorten vor. Die starke Beschattung der Hochstauden verhindert allerdings das Keimen und Aufkommen von Gehölzpflanzen. Die bunte und gehölzfreie Pflanzengesellschaft wird von Hochstauden dominiert. Typische Arten sind Milchlattich, Grauer Alpendost, Österreichische Gamswurz, Kletten-Ringdistel, Meisterwurz, Wald-Storchschnabel, Rote Groß-Bibernelle, Breitblatt-Laserkraut, Weißer Germer und Eisenhut-Arten.

Hochstaudenfluren bilden eine bunte und gehölzfreie Pflanzengesellschaft.

Hochstaudenfluren haben einen geringen landwirtschaftlichen Wert, weil einige Hochstauden vom Almvieh gemieden werden und hochwertige Futterpflanzen weitgehend fehlen.

Zwergstrauchheiden

Zwergstrauchheiden haben einen geringen landwirtschaftlichen Wert, weil hochwertige Futterpflanzen weitgehend fehlen. In den Zwergstrauchheiden dominieren Zwergsträucher (z. B. Heidelbeere, Alpen-Nebelbeere, Besenheide, Preiselbeere, Zwitter-Krähenbeere, Arznei-Bärentraube, Schnee-Heide) und Kleinsträucher (z. B. Rostblättrige Alpenrose, Zwerg-Wacholder, Wimper-Alpenrose). Bäume und Großsträucher sind nur vereinzelt anzutreffen.

Zwergstrauchheiden repräsentieren artenarme Pflanzengesellschaften.

Die artenarmen Zwergstrauchheiden kommen in der subalpinen und unteralpinen Stufe einerseits auf nährstoffarmen, carbonatfreien, stark bis sehr stark sauren Silikatböden (Ranker, Braunerde, Semipodsol, Podsol) und andererseits auf nährstoffarmen, carbonathaltigen, schwach sauren bis schwach alkalischen Rendzinen (insbesondere Tangelrendzina) und Pararendzinen vor. Die Standorte sind südexponierte, wärmebegünstigte, früh schneeapere, frische bis mäßig halbtrockene, steile Hanglagen oder schattige, frische, windgeschützte, schneereiche Lagen.

Silikat-Magerrasen

Auf carbonatfreien, mäßig bis sehr stark sauren, nährstoffarmen, frischen oder krumenwechselfeuchten Silikatböden (insbesondere Ranker, Braunerde) herrscht der **Bürstlingsrasen** vor. Die Pflanzengesellschaft wächst in der montanen bis unteralpinen Stufe und wird meist vom Bürstling dominiert. Weitere typische Arten sind Arnika, Berg-Nelkenwurz, Gold-Fingerkraut, Bart-Glockenblume, Silikat-Glocken-Enzian, Pyramiden-Günsel, Arznei-Ehrenpreis, Gewöhnliches Katzenpfötchen und Einkorb-Ferkelkraut. Bürstlingsrasen bedecken in den Zentralalpen große Flächen über Silikatgesteinen. Sie werden nicht gedüngt, vorwiegend extensiv beweidet und nur selten gemäht.

Nur wenige Leguminosen (z. B. Westalpen-Klee) können in Bürstlingsrasen wachsen.

Der leguminosenarme Silikat-Magerrasen liefert ein mangan- und zinkreiches Futter. Je stärker der Boden versauert ist, desto dominanter tritt der Bürstling im Pflanzenbestand auf und desto geringer sind Pflanzenvielfalt und Futterqualität.

Kalk-Magerrasen

Der **Blaugras-Horstseggenrasen** kommt in der subalpinen und unteralpinen Stufe auf südexponierten, wärmebegünstigten, früh schneefreien, steilen Hanglagen in den Kalkalpen oft großflächig über Carbonatgesteinen und in Kalkglimmerschiefergebieten vor. Die Böden sind frische bis mäßig halbtrockene, nährstoffarme, carbonathaltige, schwach saure bis schwach alkalische Rendzinen und Pararendzinen. Hauptrasenbildner ist das Kalk-Blaugras. Weitere typische Arten sind Horst-Segge, Steinraute, Alpen-Aster, Kalk-Glocken-Enzian, Berg-Ringdistel, Zotten-Habichtskraut, Brillenschötchen und Alpen-Tragant.

Der artenreiche und bunte Kalk-Magerrasen wird nicht gedüngt und extensiv beweidet. Die leguminosen- und kräuterreiche Pflanzengesellschaft liefert weniger, dafür aber qualitativ besseres Futter als der Bürstlingsrasen.

Der Blaugras-Horstseggenrasen trägt durch seinen Blumenreichtum wesentlich zur Schönheit der Almlandschaft bei.

Rostseggenrasen sind vorwiegend in den Kalkalpen anzutreffen.

Auf frischen, nährstoffarmen bis mäßig nährstoffreichen, carbonathaltigen, schwach sauren bis schwach alkalischen Rendzinen und Pararendzinen wächst der **Rostseggenrasen**. Die Pflanzengesellschaft kommt bevorzugt in den Kalkalpen über Carbonatgesteinen auf nordexponierten, länger schneebedeckten, steilen Hanglagen in der subalpinen und unteralpinen Stufe vor. Hauptrasenbildner ist die Rost-Segge.

Weitere typische Arten sind Zier-Schwingel, Matten-Lieschgras, Trollblume, Blätter-Läusekraut, Ähren-Läusekraut, Narzissen-Windröschen, Kugelständel, Alpen-Süßklee und Kälte-Tragant. Der Rostseggenrasen wird nicht gedüngt, gelegentlich gemäht, meistens jedoch nicht oder nur sehr extensiv beweidet. Gemähte Rostseggenrasen liefern wertvolles Wildheu. Insbesondere Leguminosen tragen zur guten Futterqualität bei.

Urwiesen

Urwiesen sind natürliche Rasengesellschaften in der oberalpinen Stufe. Sie werden von Sauergräsern (niedrigwüchsigen Seggen-Arten) dominiert. Frische oder krumenwechselfeuchte, nährstoffarme, carbonatfreie, mäßig bis sehr stark saure Silikatböden (Ranker, Braunerde) werden von **Krummseggenrasen** und frische, nährstoffarme, carbonathaltige, schwach saure bis schwach alkalische Rendzinen (insbesondere Pechrendzina) und seichtgründige Pararendzinen von **Polsterseggenrasen** eingenommen.

Der Krummseggenrasen kommt in den Zentralalpen über Silikatgesteinen oft großflächig vor.

Die grasreichen, arten- und meist blütenarmen Krummseggen- und Polsterseggenrasen werden nicht gedüngt und nur sehr extensiv vor allem mit Schafen beweidet. Sie liefern wenig und minderwertiges Futter.

In den Krummseggenrasen dominiert die Krummsegge. Weitere typische Arten sind Kopfgras, Bunthafer, Zwerg-Primel, Zwerg-Seifenkraut, Gänseblümchen-

Polsterseggenrasen sind eine typische Pflanzengesellschaft der Kalkapen.

PFLANZEN VERSTEHEN

PFLANZENGESELLSCHAFTEN

Ehrenpreis, Alpen-Habichtskraut, Zwerg-Augentrost, Schweizer Leuenzahn und Grasblatt-Teufelskralle.

In den Polsterseggenrasen ist die Polster-Segge Hauptrasenbildner. Zum charakteristischen Arteninventar gehören Zwerg-Schwingel, Zwerg-Ständel, Aurikel, Blaugrüner Steinbrech, Alpen-Sonnenröschen, Silberwurz, Zwerg-Simsenlilie und Rosa-Läusekraut. Die Polsterseggenrasen sind auf windexponierten, früh schneefreien Gipfeln, Kuppen, Rücken, Berggraten und steilen Hanglagen in den Kalkalpen über Carbonatgesteinen häufig anzutreffen.

BODEN

Der Boden beeinflusst die Artenzusammensetzung der Vegetation sowie die Konkurrenzkraft einer Pflanzenart im Pflanzenbestand. Ertrag und Futterqualität werden maßgeblich von den Bodenmerkmalen und -eigenschaften bestimmt.

Carbonatgehalt

Der Carbonatgehalt im Boden kann mit 10 %iger Salzsäure (erhältlich in Apotheken) festgestellt werden. Wenn der Feinboden nach Beträufeln mit der Salzsäure stark aufbraust (CO_2-Entwicklung), ist der Boden carbonathaltig und der pH-Wert liegt meist über 6,2. Erfolgt kein hör- oder sichtbares Aufbrausen, ist der Boden carbonatfrei.

Mit dem Salzsäuretest können auch einige Gesteinsarten bestimmt werden. Kalksteine, Marmore, Mergel und Kalkglimmerschiefer machen sich nach Beträufeln mit 10 %iger Salzsäure durch ein starkes, rasches, sicht- und hörbares Aufbrausen bemerkbar. Dolomite hingegen reagieren verzögert und leise bzw. nur mit heißer Salzsäure aufbrausend. Erfolgt kein hör- oder sichtbares Aufbrausen, ist am Gesteinsaufbau das Mineral Calcit nicht beteiligt. Silikatgesteine brausen daher nicht auf.

Carbonathaltiges Gestein (li.) und carbonathaltiger Boden (re.) mit CO_2-Entwicklung nach Beträufeln mit 10 %iger Salzsäure.

Boden-pH-Wert

Der Boden-pH-Wert zeigt den Säuregrad des Bodens an. Für die Verbreitung vieler Pflanzenarten ist der pH-Wert im Boden entscheidend, denn er kontrolliert die Löslichkeit und Bioverfügbarkeit von Nähr- und Schadelementen im Boden.

Der Bürstling beispielsweise wächst nur auf sauren Böden. Sein Deckungsgrad im Pflanzenbestand steigt mit dem Säuregrad des Bodens (je saurer der Boden, desto mehr Bürstling). Leguminosen (z. B. Hornklee, Hufeisenklee, Alpen-Wundklee) hingegen meiden stark saure Böden; sie bevorzugen carbonathaltige, schwach saure bis schwach alkalische Böden.

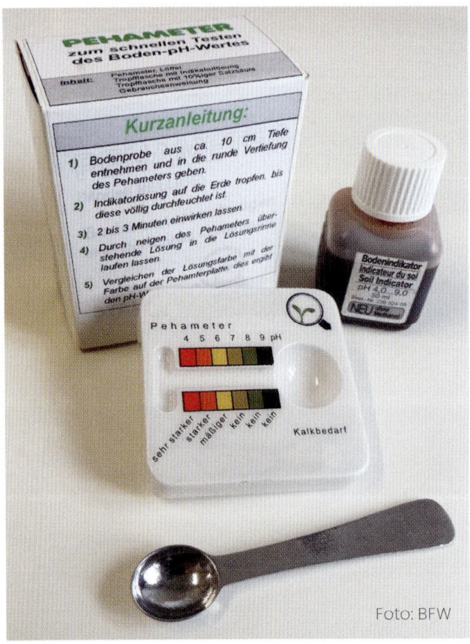

Foto: BFW

Pehameter zur Bestimmung des Boden-pH-Wertes

pH-Wert	Bezeichnung
über 6,2	schwach sauer bis schwach alkalisch
6,2 bis 5,0	mäßig sauer
5,0 bis 4,2	stark sauer
unter 4,2	sehr stark sauer

Tabelle 1: Einstufung der Almböden nach dem pH-Wert (gemessen in 0,01 Mol $CaCl_2$)

In den Almböden schwankt der pH-Wert in 0–10 cm Bodentiefe in Abhängigkeit von zahlreichen Faktoren (Gesteinsuntergrund, silikatische Deckschicht, Klima, ursprüngliche Vegetation, Alter der Almfläche, Düngung, Kalkung, Nutzungsintensität) zwischen etwa 3,0 und 7,5. Damit hochwertige Futterpflanzen optimal wachsen können, sollte der pH-Wert im Hauptwurzelraum zwischen 6,2 und 5,0 liegen. Der pH-Wert kann im Gelände mittels pH-Indikatorpapier oder Pehameter bestimmt werden.

Auf sehr stark sauren Almböden (pH unter 4,2) dominiert der Bürstling.

Bodentypen

Die flächenmäßig bedeutendsten Bodentypen auf Almen sind:

- Rendzina
- Pararendzina
- Ranker
- Braunerde
- Kalkbraunlehm
- Haftnässe-Pseudogleye
- Schwemmboden

Kleinflächig verbreitet sind Semipodsole, Pseudogleye, Gleye, Anmoore und Moorböden. Semipodsole sind auf Almflächen Relikte ehemaliger Bewaldung oder Zwergstrauchverheidung.

Rendzinen weisen eine schwach saure bis schwach alkalische Bodenreaktion auf.

Kalklehm-Rendzinen bilden einen Übergangstyp zwischen Rendzina und Kalkbraunlehm.

Charakteristisch für die Pechrendzina ist eine schwarz gefärbte, bis zu 20 cm mächtige Humusschicht (Pechmoder) auf carbonathaltigem Festgestein.

Rendzina

Das Ausgangsmaterial für die Bodenbildung ist carbonathaltiges Festgestein (insbesondere Kalkstein, Dolomit) oder carbonathaltiges Lockersediment (z. B. Kalkschotter, Kalkschutt).

Rendzinen sind seichtgründige A-C-Böden. Der A-Horizont ist carbonathaltig. Kalkpflanzen dominieren im Pflanzenbestand. Auf **Kalklehm-Rendzinen** (Übergangstyp zwischen Rendzina und Kalkbraunlehm) kommen bereits Silikatpflanzen vereinzelt vor. Die Bodenqualität ist in erster Linie von der Bodengründigkeit und Exposition abhängig. Rendzinen sind geringwertige Almböden mit niedrigem Ertragspotenzial. Sie neigen auf südexponierten Hanglagen zu Trockenheit. In der subalpinen und alpinen Stufe der Kalkalpen kommt die **Pechrendzina** mit der Horizontfolge H-C insbesondere auf Nordhängen über reinen Kalksteinen und Dolomiten vor. Der Feinhumushorizont (Pechmoder) ist arm an Mineralteilchen, enthält bis über 80 % organische Substanz und ist im erdfrischen Zustand „schmierig".

Pararendzina

Das Ausgangsmaterial für die Bodenbildung ist festes oder lockeres, carbonathaltiges Silikatgestein, insbesondere Kalkglimmerschiefer, Kalkphyllit, Kalksandstein oder Mergel. Pararendzinen weisen die Horizontfolge A-C auf. Der A-Horizont ist carbonathaltig oder carbonatfrei. Kalk- und Silikatpflanzen kommen oft gemeinsam vor. Charakteristisch ist eine schwach saure bis schwach alkalische Bodenreaktion. Die Bodenqualität ist primär von der Bodengründigkeit abhängig.

Ranker

Das Ausgangsmaterial für die Bodenbildung ist carbonatfreies Festgestein oder carbonatfreies Lockersediment. Ranker sind seichtgründige A-C-Böden. Der A-Horizont ist carbonatfrei. Der pH-Wert reicht von mäßig sauer bis sehr stark sauer. Im Pflanzenbestand kommen ausschließlich Silikatpflanzen vor. Die Bodenqualität ist von der Bodengründigkeit, Exposition und vom Boden-pH-Wert abhängig. Ranker neigen auf südexponierten Hanglagen zu Trockenheit. Die Bodenqualität sinkt mit abnehmendem pH-Wert im Boden.

Braunerde

Braunerden entstehen aus carbonatfreien Festgesteinen oder carbonatfreien Lockersedimenten. Auf Carbonatgesteinen können sich Braunerden nur bilden, wenn der Gesteinsuntergrund von einer silikatischen Deckschicht überlagert ist. Sie weisen die Horizontfolge A-B-C auf. Charakteristisch für Braunerden ist ein gleichmäßig braun bis rotbraun gefärbter B-Horizont mit einer Mächtigkeit von mindestens 10 cm. Die Braunerde ist meist carbonatfrei. Der pH-Wert reicht von schwach sauer bis sehr stark sauer. Silikatpflanzen dominieren im Pflanzenbestand. Die Bodenqualität ist von der Bodengründigkeit und vom Boden-pH-Wert abhängig. Tiefgründige, mäßig saure Braunerden sind hochwertige Almböden mit hohem Ertragspotenzial.

Tiefgründige Pararendzinen sind hochwertige Almböden mit hohem Ertragspotenzial.

Ranker sind geringwertige Almböden mit niedrigem Ertragspotenzial.

Die Braunerde ist der flächenmäßig bedeutendste Almboden in den Zentralalpen.

PFLANZEN VERSTEHEN

BODEN

Kalkbraunlehm

Kalkbraunlehme sind tonreiche A-B-C-Böden auf Carbonatgestein (insbesondere Kalkstein, Mergel). Charakteristisch ist ein mehr als 10 cm mächtiger, braun bis gelbbraun gefärbter B-Horizont. Der A-Horizont ist meist carbonatfrei. Das Carbonatgestein wirkt nur als Unterlage (Grundgestein), daher schwankt der Boden-pH-Wert zwischen mäßig sauer und stark sauer. Silikatpflanzen dominieren im Pflanzenbestand.

Die Bodenqualität ist von mehreren Faktoren abhängig (Bodengründigkeit, Bodenwasserhaushalt, Geländeposition, Makroklima). Tiefgründige, frische Kalkbraunlehme sind in niederschlagsärmeren Gebieten hochwertige Almböden mit hohem Ertragspotenzial. Allerdings neigen Kalkbraunlehme in niederschlags- und schneereichen Gebieten vor allem in Muldenlagen zu Staunässe (Wechselfeuchtigkeit). Sie sind am Beginn der Vegetationsperiode sowie bei feuchter Witterung sehr trittempfindlich und die Verunkrautungsgefahr ist generell sehr groß. Die hohe Trittempfindlichkeit resultiert aus dem großen Wasserspeichervermögen und der hohen plastischen Verformbarkeit des Bodens.

Die große Verunkrautungsgefahr auf Kalkbraunlehmböden ist die Folge einer gehemmten Stickstoffmineralisierung im Boden.

Haftnässe-Pseudogleye sind gering- bis mittelwertige Almböden.

Haftnässe-Pseudogley

Haftnässe-Pseudogleye sind Böden mit ausgeprägtem Stauwassereinfluss durch Schneeschmelzwasser. Sie weisen die Horizontfolge A-P-B-C auf und kommen bevorzugt in der alpinen Stufe auf Hangverebnungen und in Geländevertiefungen vor. Charakteristisch ist eine fahlgraue, mindestens 10 cm mächtige Stauzone in der obersten Bodenschicht. Sie weist zahlreiche, deutliche Roströhren und Rostflecken auf. In Abhängigkeit vom Ausgangsmaterial der Bodenbildung schwankt der pH-Wert zwischen stark sauer und schwach alkalisch. Je nach Carbonatgehalt im Boden dominieren Silikat- oder Kalkpflanzen im Pflanzenbestand.

Haftnässe-Pseudogleye zeigen schneereiche Standorte mit langer Staunässe am Beginn der Vegetationsperiode an. Die Vegetationszeit ist dementsprechend kurz. Die Bodenqualität sinkt mit zunehmendem Stauwassereinfluss. Je stärker die Nassbleichung in der obersten Bodenschicht ist und je deutlicher und häufiger Roströhren und Rostflecken im Boden auftreten, umso länger und intensiver ist die Vernässung (Sauerstoffmangel) durch Schneeschmelzwasser. Haftnässe-Pseudogleye sind am Beginn der Vegetationsperiode durch Schneeschmelzwasser wassergesättigt und folglich sehr trittempfindlich. Unerwünschte Pflanzen (z. B. Rasenschmiele) können auf dem wechselfeuchten Boden gut wachsen.

Schwemmboden

Schwemmböden sind A-C-Böden entlang von Bächen. Schwach zugerundete und wenig geschichtete Bachsedimente bilden den Gesteinsuntergrund. Begrabene Humushorizonte sind oft vorhanden. Schwemmböden werden regelmäßig überflutet. Sie sind gelegentlich schwach grundwasserbeeinflusst (schwach rostfleckig). Je nach Einzugsgebiet des Baches sind Schwemmböden carbonathaltig oder carbonatfrei. Dementsprechend reicht der pH-Wert von schwach alkalisch bis stark sauer. In Abhängigkeit vom Carbonatgehalt im Boden dominieren Kalk- oder Silikatpflanzen im Pflanzenbestand. Die Bodenqualität ist von der Humusmenge (Humusgehalt und Mächtigkeit des A-Horizontes), von der Körnung, stofflichen Zusammensetzung und Mächtigkeit der abgelagerten Sedimentschicht sowie vom Überflutungseinfluss (Häufigkeit, Zeitpunkt, Dauer, Höhe) abhängig.

Schwemmböden sind gering- bis mittelwertige Almböden.

Auf humusarmen Schwemmböden können unerwünschte Pflanzen (insbesondere Scharfer Hahnenfuß) gut wachsen. Geröll- und sandreiche Schwemmböden sind im Sommer trockenheitsgefährdete Standorte, insbesondere bei geringmächtiger Feinsedimentdecke. Schluff- und feinsandreiche Schwemmböden neigen zur Dichtlagerung und Staunässe. Je gröber die abgelagerte Sedimentschicht ist, desto schlechter können wertvolle Almpflanzen auf dem Schwemmboden wachsen.

Bodenwasserhaushalt

In der Almregion kommen folgende Wasserhaushaltsstufen vor:

- Halbtrocken
- Frisch
- Feucht
- Nass
- Wechselfeucht, -trocken
- Krumenwechselfeucht

Halbtrocken

Zeitweiliger Wassermangel im Boden; kein Einfluss von Grund-, Hang- oder Stauwasser (keine Roströhren und Rostflecken im Boden); sandreiche, steinige (skelettreiche), seichtgründige, wenig Wasser speichernde Böden (z. B. Rendzina, Ranker) auf steilen Südhängen oder windexponierten Lagen (Kuppe, Rücken, Grat); häufiger im Kalkgebiet als im Silikatgebiet; mit Trockenheitszeigern (z. B. Zypressen-Wolfsmilch) im Pflanzenbestand.

PFLANZEN VERSTEHEN · BODEN

Nässemerkmal Roströhren: Durch Eisenanreicherung bilden sich braunrote „Ringe" um Pflanzenwurzeln.

Nässemerkmal Rostflecken: Sie sind Hinweise für eine zeitweilige Vernässung des Bodens.

Frisch

Pflanzen ganzjährig ausreichend mit Wasser versorgt; während der Vegetationszeit kein länger andauernder Wassermangel oder Wasserüberschuss (Sauerstoffmangel) im Boden; kein Einfluss von Grund-, Hang- oder Stauwasser (keine Roströhren und Rostflecken im Boden); mittel- bis tiefgründige Böden (z. B. Pararendzina); meist gleichmäßig braune Bodenfarbe unterhalb des dunkel gefärbten Oberbodens (z. B. Braunerde, Kalkbraunlehm); Trockenheits-, Feuchte-, Nässe-, Wechselfeuchte- und Wechseltrockenheitszeiger fehlen im Pflanzenbestand weitgehend.

Feucht

Zeitweiliger Wasserüberschuss im Boden durch Grund- oder Hangwasser; zahlreiche deutliche Rostflecken im Boden; gleichmäßig graue Bodenfarbe ab ca. 80 cm Bodentiefe; Bodentyp: Gley; Feuchtezeiger (z. B. Ross-Minze) dominieren im Pflanzenbestand.

Nass

Ständiger Wasserüberschuss im Boden mit Grund- oder Hangwassereinfluss bis zur Bodenoberfläche; keine oder einzelne undeutliche Rostflecken im Boden; gleichmäßig graue Bodenfarbe im Unterboden; Bodentyp: Nassgley, Anmoor, Niedermoor; Nässezeiger (z. B. Sumpfdotterblume) dominieren im Pflanzenbestand.

Wechselfeucht, wechseltrocken

Deutlicher Einfluss von Stauwasser (Regen- oder Schneeschmelzwasser); ausgeprägter Wechsel zwischen Wasserüberschuss und Wassermangel im Boden; mit langen Nassphasen (**wechselfeucht**: charakteristisch sind deutliche Nässemerkmale im Boden wie Roströhren, Rostflecken, aufgehellte oder fahlgraue Farbe im Oberboden) oder langen Trockenphasen (**wechseltrocken**: keine Nässemerkmale oder nur einzelne undeutliche Roströhren im Boden) während der Vegetationszeit; Bodentypen: Pseudogley und Haftnässe-Pseudogley (wechselfeucht) bzw. Rendzina, Ranker und Kalklehm-Rendzina (wechseltrocken); mit Wechselfeuchtezeigern (z. B. Horst-Rasenschmiele) oder Wechseltrockenheitszeigern (z. B. Blau-Segge) im Pflanzenbestand.

Krumenwechselfeucht
Staunässe im Oberboden verursacht durch anthropogene Bodenverdichtung (Tritt, Befahren, Beweidung) oder natürliche Dichtlagerung des Bodens (z. B. infolge hohen Schluff- und Glimmergehaltes); zahlreiche deutliche Roströhren im Oberboden; Bodentyp: meist krumenpseudovergleyte Braunerde oder krumenpseudovergleyter Kalkbraunlehm; oft mit Bodenverdichtungszeigern (z. B. Kriechender Hahnenfuß) oder Feuchte- und Wechselfeuchtezeigern im Pflanzenbestand.

REGULIERUNGSMASSNAHMEN

In einem Ökosystem hat jede Pflanzenart eine bestimmte Funktion. Aus ökologischer Sicht sind daher alle Pflanzenarten gleichwertig. Leguminosen beispielsweise haben auf Almflächen eine große Bedeutung für die biologische Stickstoffbindung. Auch Grün-Erlen reichern den Boden mit Stickstoff an und erhöhen somit die Bodenfruchtbarkeit. Die Grün-Erle bildet Wurzelknöllchen, in denen sich Luftstickstoff-bindende Bakterien der Gattung Frankia befinden. Die Grün-Erle liefert den Bakterien Kohlenhydrate und bekommt dafür Stickstoff-Verbindungen. Durch den Abbau ihrer stickstoffreichen Bestandesabfälle wird der Almboden mit Stickstoff angereichert. Einzelne Bäume oder kleine Baumgruppen sind wichtige Schattenspender für Weidetiere und Unterstand bei Schlechtwetter.

Im Grün-Erlen-Gebüsch und in unmittelbarer Umgebung (Saum) wachsen bevorzugt Nährstoffzeiger (z. B. Alpen-Ampfer, Berg-Sauerampfer, Meisterwurz).

Einzelne Bäume oder kleine Baumgruppen schützen Weidetiere auf Almweideflächen vor Sonne und Schlechtwetter.

Aus landwirtschaftlicher Sicht sind jedoch nicht alle Pflanzenarten gleichwertig. Man unterscheidet zwischen wertvollen Futterpflanzen und unerwünschten Arten. Allerdings können unerwünschte Arten (z. B. giftige oder stechend-dornige Hochstauden, hochwüchsige Farne, Klein- und Zwergsträu-

Ammenpflanzen (z. B. Zwerg-Wacholder) können auf stark beweideten Almflächen die Pflanzenvielfalt erhöhen, weil sie empfindlichen Arten (z. B. Fuchs-Hain-Greiskraut, Bergfarn) einen Schutz bieten.

cher) die mikroklimatischen Bedingungen auf einer Almfläche verbessern. Durch reduzierte Bodenverdunstung erhöht sich die Bodenfeuchte. Davon profitieren Futterpflanzen, insbesondere auf trockenheitsgefährdeten Standorten. Einige unerwünschte Arten erbringen wertvolle Ökosystemleistungen. Beispielsweise ist der Blaue Eisenhut einerseits eine Giftpflanze, andererseits wird er in der Homöopathie verwendet.

Ammenpflanzen mit Stacheln, Dornen oder spitzen Nadeln (z. B. Brombeere, Alpen-Kratzdistel, Berberitze, Zwerg-Wacholder) können weide- und trittempfindlichen Arten einen Schutz gegen Tritt und Verbiss durch Weidetiere bieten. Außerdem steigern sie die Strukturvielfalt und fördern dadurch die Biodiversität. Aus diesen Gründen sollten Regulierungsmaßnahmen immer auf ihre Notwendigkeit und Dringlichkeit überprüft werden und sie sollten stets mit Augenmaß erfolgen.

Prinzipiell haben „Ursachenbekämpfungsmaßnahmen" (z. B. Bewirtschaftungsänderung) immer eine höhere Priorität als „Symptombekämpfungsmaßnahmen" (z. B. Ausstechen unerwünschter Pflanzen). Regulierungsmaßnahmen müssen meist über mehrere Jahre durchgeführt (z. B. Mahd) oder nach einer gewissen Zeit wiederholt werden (z. B. Schwenden). Sie sind in der Regel nur bei Änderung der Bewirtschaftung (z. B. Erhöhung oder Verminderung des Viehbesatzes) langfristig erfolgreich. Vor allem kostenintensive Maßnahmen sollten zuerst auf kleinen, repräsentativen „Versuchsflächen" durchgeführt werden. Wenn die Maßnahme wirkt, kann sie auf der gesamten Almfläche umgesetzt werden.

Bevor eine Regulierungsmaßnahme durchgeführt wird, sollten folgende Fragen in der richtigen Reihenfolge gestellt und wertfrei beantwortet werden:

- Warum kommt die unerwünschte Pflanze auf der Almfläche vor?
- Welche Standort- und/oder Bewirtschaftungsänderungen sind notwendig und auch umsetzbar?
- Wie kann ich die unerwünschte Pflanze auf Dauer zurückdrängen oder ihre weitere Ausbreitung nachhaltig verhindern?
- Welche Nebenwirkungen oder zusätzliche positive Effekte sind möglich?
- Gibt es Interessenskonflikte (z. B. Jagd, Naturschutz, Tourismus)?

Futterpflanzen

In diesem Kapitel finden Sie eine Auswahl hochwertiger Almfutterpflanzen vor. Die Einteilung erfolgt in drei Kategorien: Gräser, Leguminosen und Kräuter.

GRÄSER

- Rot-Schwingel *(Festuca rubra agg.)*
- Rot-Straußgras *(Agrostis capillaris)*
- Wiesen-Kammgras *(Cynosurus cristatus)*
- Alpen-Lieschgras *(Phleum rhaeticum)*
- Alpen-Rispengras *(Poa alpina)*

LEGUMINOSEN

- Rot-Klee *(Trifolium pratense ssp. pratense)*
- Schnee-Klee *(Trifolium pratense ssp. nivale)*
- Braun-Klee *(Trifolium badium)*
- Bleicher Klee *(Trifolium pallescens)*
- Hornklee *(Lotus corniculatus)*
- Alpen-Wundklee *(Anthyllis vulneraria ssp. alpicola)*
- Hufeisenklee *(Hippocrepis comosa)*
- Alpen-Süßklee *(Hedysarum hedysaroides ssp. hedysaroides)*
- Alpen-Spitzkiel *(Oxytropis campestris)*
- Österreich-Spitzkiel *(Oxytropis montana)*
- Alpen-Tragant *(Astragalus alpinus)*
- Kälte-Tragant *(Astragalus frigidus)*

KRÄUTER

- Rauer Löwenzahn *(Leontodon hispidus)*
- Schweizer Löwenzahn *(Scorzoneroides helvetica)*
- Herbst-Löwenzahn *(Scorzoneroides autumnalis)*
- Alpen-Löwenzahn *(Taraxacum alpinum agg.)*
- Gold-Pippau *(Crepis aurea)*
- Gewöhnliche Perücken-Flockenblume *(Centaurea pseudophrygia)*
- Einkorb-Ferkelkraut *(Hypochaeris uniflora)*
- Gebirgs-Schafgarbe *(Achillea millefolium ssp. sudetica)*
- Kümmel *(Carum carvi)*
- Rote Groß-Bibernelle *(Pimpinella major var. rubra)*
- Bergwiesen-Bärenklau *(Heracleum sphondylium ssp. elegans)*
- Alpen-Mutterwurz *(Mutellina adonidifolia)*
- Scheuchzer-Glockenblume *(Campanula scheuchzeri)*
- Bart-Glockenblume *(Campanula barbata)*
- Gold-Fingerkraut *(Potentilla aurea)*
- Frauenmantel *(Alchemilla)*
- Berg-Sauerampfer *(Rumex alpestris)*
- Große Brennnessel *(Urtica dioica)*
- Aufgeblasenes Leimkraut *(Silene vulgaris ssp. vulgaris)*
- Grasblättrige Teufelskralle *(Phyteuma hemisphaericum)*

FUTTERPFLANZEN

Der Beginn der Vegetationsperiode wird im Gebirge durch die Krokusblüte und das Blühen der Soldanellen (z. B. Alpen-Soldanelle) angezeigt.

Rot-Schwingel
Festuca rubra agg.

Rot-Schwingel (Festuca rubra agg.)

Bestimmungsmerkmale und Wuchsform

Ausdauerndes, teilweise wintergrünes Süßgras; bildet eine dichte Grasnarbe; Halme aufrecht, 20–80 cm hoch (Untergras); Rispe mit begrannten, grünen Ährchen; Ährchen manchmal an der Spitze zur Blütezeit schwarzviolett überlaufen; Rispe mit ein oder zwei verschieden langen Seitenästen auf der unteren Stufe der Hauptachse; Rispenäste zur Blütezeit abstehend; Halmblätter 1,5–2,5 mm breit, oberseits gerillt und kurzhaarig; Grundblätter bis 40 cm lang, dunkelgrün, borstenförmig, oberseits gerillt und meist kurz behaart; Blattscheiden braun, samthaarig, rasch zerfasernd, mit weißlichen Längsrippen; Blatthäutchen sehr kurz.

Verwandte Arten

Horst-Rot-Schwingel *(Festuca nigrescens)*: mit sehr kurzen (2–5 mm) unterirdischen Ausläufern, daher Wuchs horstig.
Ausläufer-Rot-Schwingel *(Festuca rubra ssp. rubra)*: mit langen (mehr als 3 cm) unterirdischen Ausläufern, daher Wuchs rasig.

Standortansprüche, Verbreitungsschwerpunkt und Reproduktion

Kommt auf Almen häufig und weit verbreitet in der montanen, subalpinen und unteralpinen Stufe vor (bis ca. 2.300 m); wächst im Almgebiet bevorzugt auf frischen, carbonatfreien oder carbonathaltigen, schwach bis stark sauren, nährstoffreichen (stickstoffreichen) Böden; sehr gute Mahdverträglichkeit, gute Weide- und Trittverträglichkeit; vermehrt sich generativ mittels Samen und vegetativ durch unterirdische Ausläufer und grundständige Seitentriebe.

Pflanzengesellschaft

Vor allem in Rot-Schwingel-Straußgraswiesen, Goldhaferwiesen, Gold-Pippau-Kammgrasweiden, Milchkrautweiden und Bürstlingsrasen.

Blütenstand von Rot-Schwingel

Beeinflussung

Im Berggebiet durch stickstoffreiche Dünger gefördert; erträgt intensive Beweidung.

Futterwert

Auf Almen bei rechtzeitiger Nutzung hochwertiges Futtergras; vom Almvieh in jungem Zustand gern gefressen; überständige Pflanzen werden verschmäht.

Besonderheit

Der Rot-Schwingel stellt keine besonderen Ansprüche an den pH-Wert, Wasser- und Nährstoffgehalt im Boden. Er kommt daher auf vielen verschiedenen Standorten vor. In den Tal- und Beckenlagen ist der Rot-Schwingel ein Magerkeitszeiger. Im Berggebiet hingegen ist er ein Nährstoffzeiger, weil konkurrenzkräftigere Obergräser klimabedingt weitgehend fehlen.

Wissenswertes

Die Süßgräser *(Poaceae)* gehören zu den windblütigen (anemophilen) Samenpflanzenfamilien. Ihre Blüten werden durch den Wind bestäubt. Durch Luftströme gelangen die Pollen durch Zufall auf die Narben der weiblichen Blüten von Pflanzen der gleichen Art. Gräser mit unterirdischen Ausläufern bilden eine dichte Grasnarbe (rasenbildende Arten).

Verwechslungsmöglichkeit

Drahtschmiele *(Avenella flexuosa)*: Grundblätter fadenförmig, kahl, hellgrün; Blattscheiden kahl (nicht samthaarig); Triebgrund meist dunkelrot; wächst auf nährstoffarmen, carbonatfreien, stark bis sehr stark sauren Böden.

Rot-Straußgras
Agrostis capillaris

Bestimmungsmerkmale und Wuchsform

Ausdauerndes, wintergrünes Süßgras; mit kurzen unterirdischen Ausläufern; zu dichter Rasenbildung befähigt; Halme meist aufrecht, 20–60 cm hoch (Untergras), unterhalb des Blütenstandes oft rau; Rispe auch nach der Blütezeit ausgebreitet, mit zahlreichen Seitenästen auf den unteren Stufen der Hauptachse; Rispenäste glatt; Ährchen unbegrannt, einzeln, zur Blütezeit rot überlaufen; Laubblätter 3–4 mm breit, oberseits fein gerillt und mattgrün, unterseits grün und glänzend; Blatthäutchen 1–2 mm lang, gestutzt.

Standortansprüche, Verbreitungsschwerpunkt und Reproduktion

Kommt auf Almen häufig und weit verbreitet in der montanen, subalpinen und unteralpinen Stufe vor (bis ca. 2.300 m); wächst im Almgebiet bevorzugt auf frischen, carbonatfreien, mäßig bis stark sauren, nährstoffreichen (stickstoffreichen) Böden; Säurezeiger; Lichtkeimer; mäßige Mahd-, Weide- und Trittverträglichkeit; vermehrt sich generativ mittels Samen und vegetativ durch unterirdische Ausläufer und Stängelkurztriebe.

Pflanzengesellschaft

Vor allem in Rot-Schwingel-Straußgraswiesen, Goldhaferwiesen, Gold-Pippau-Kammgrasweiden, Milchkrautweiden und Bürstlingsrasen.

Rot-Straußgras (**Agrostis capillaris**)

Beeinflussung

Im Berggebiet durch stickstoffreiche Dünger gefördert; erträgt keine intensive Beweidung.

Futterwert

Als Futter hochwertig.

Besonderheit

In den Tal- und Beckenlagen ist das Rot-Straußgras ein Magerkeitszeiger. Im Berggebiet hingegen ist es ein Nährstoffzeiger, weil konkurrenzkräftigere Obergräser klimabedingt weitgehend fehlen. Im Boden bleiben die kleinen und relativ leichten Samen mehr als

Blütenstand

fünf Jahre keimfähig. Das Rot-Straußgras prägt zur Blütezeit bei hohem Deckungsgrad im Pflanzenbestand das Landschaftsbild. Die Pollen sind bedeutende Auslöser von Heuschnupfen.

Verwechslungsmöglichkeit
Kriech-Straußgras (*Agrostis stolonifera*). Blatthäutchen 2–6 mm lang, spitz; Rispe nach dem Verblühen zusammengezogen; Rispenäste rau; mit langen, oberirdischen Kriechtrieben.

Laubblatt und kurzes, gestutztes Blatthäutchen von Rot-Straußgras

FUTTERPFLANZEN

GRÄSER

Wiesen-Kammgras

Cynosurus cristatus

Bestimmungsmerkmale und Wuchsform

Ausdauerndes, wintergrünes, horstbildendes Süßgras; Halme aufrecht, 30–60 cm hoch (Untergras); Ährenrispe 2–12 cm lang; Laubblätter 2–4 mm breit, dunkelgrün, oberseits stark gerillt, unterseits glatt und glänzend, etwa in der Blatthälfte mit zwei seitlichen Druckstellen; jüngstes Blatt gefaltet; Blatthäutchen 1–2 mm lang, gestutzt; Triebgrund gelbbraun.

Standortansprüche, Verbreitungsschwerpunkt und Reproduktion

Kommt auf Almen häufig und weit verbreitet in der montanen und subalpinen Stufe vor (bis ca. 1.700 m); wächst bevorzugt auf frischen, carbonatfreien oder carbonathaltigen, mäßig sauren, mäßig nährstoffreichen Böden; Lichtkeimer; mäßige Mahd-, Weide- und Trittverträglichkeit; vermehrt sich generativ mittels Samen und vegetativ durch Bestockung über Stängelkurztriebe.

Pflanzengesellschaft

Vor allem in Gold-Pippau-Kammgrasweiden, Rot-Schwingel-Straußgraswiesen und Goldhaferwiesen.

Beeinflussung

Durch schwache Düngung gefördert; erträgt keine intensive Beweidung.

Blütenstand von Wiesen-Kammgras

Futterwert

Als Futter hochwertig; Blätter werden vom Almvieh gern gefressen; Halme und Blütenstände werden meist verschmäht.

Besonderheit

Wiesen-Kammgras vermehrt sich hauptsächlich mittels Samen und toleriert deshalb keine intensive Beweidung oder häufige Mahd.

Verwechslungsmöglichkeit

Englisches Raygras *(Lolium perenne)*: Triebgrund rot

Alpen-Lieschgras

Phleum rhaeticum

Bestimmungsmerkmale und Wuchsform

Ausdauerndes, teilweise wintergrünes, rasenbildendes Süßgras; mit langen unterirdischen Kriechtrieben; Halme aufrecht, 15–50 cm hoch (Untergras); Triebgrund nicht zwiebelartig (unverdickt); Ährenrispe 1–5 cm lang, purpurn bis trübviolett; Laubblätter 2–6 mm breit, graugrün, oberseits fein gerillt, an den Rändern rau; Blattgrund bewimpert; jüngstes Blatt gerollt; Blatthäutchen 1–2 mm lang, gestutzt; oberste Laubblattscheide deutlich aufgeblasen; Granne der Hüllspelze zumindest im unteren Drittel abstehend bewimpert.

Standortansprüche, Verbreitungsschwerpunkt und Reproduktion

Kommt auf Almen häufig und weit verbreitet in der subalpinen und alpinen Stufe vor (bis ca. 2.700 m); wächst bevorzugt auf frischen, carbonatfreien, mäßig bis stark sauren, nährstoffreichen Böden; toleriert Nässe und saure Bodenreaktion; gute Mahd-, Weide- und Trittverträglichkeit; vermehrt sich generativ mittels Samen und vegetativ durch unterirdische Ausläufer und grundständige Seitentriebe.

Pflanzengesellschaft

Vor allem in Milchkrautweiden und Goldhaferwiesen.

Beeinflussung

Durch schwache Düngung mit Mist gefördert.

Futterwert

Als Futter hochwertig (besonders wertvolles Almweidegras).

Verwechslungsmöglichkeit

Wiesen-Lieschgras, Timothe *(Phleum pratense)*: Blatthäutchen mit „Eckzähnen"; Triebgrund meist zwiebelartig; oberste Laubblattscheide nicht oder nur wenig aufgeblasen; Ährenrispe 1–15 cm lang, grünlich; wächst in der kollinen und montanen Stufe.
Raugrannen-Alpen-Lieschgras *(Phleum commutatum)*: Granne der Hüllspelze meist kahl; kommt auf Almweiden in der subalpinen und alpinen Stufe selten vor.

Blütenstand vom Alpen-Lieschgras

Alpen-Rispengras
Poa alpina

Blütenstand von Alpen-Rispengras (Poa alpina)

Bestimmungsmerkmale und Wuchsform
Ausdauerndes, teilweise wintergrünes, horstbildendes Süßgras; Halme aufrecht, 10–30 cm hoch (Untergras); Rispe mit zwei Seitenästen auf der unteren Stufe der Hauptachse; Ährchen bräunlich, oft violett überlaufen, am Ende der Rispenzweige knäuelig gedrängt; Laubblätter 2–5 mm breit, blaugrün, mit Doppelrille (Schispur); Blatthäutchen 2–3 mm lang, lanzettlich.

Standortansprüche, Verbreitungsschwerpunkt und Reproduktion
Kommt auf Almen häufig und weit verbreitet in der subalpinen und alpinen Stufe vor (bis ca. 3.200 m); wächst bevorzugt auf frischen, carbonathaltigen oder carbonatfreien, mäßig sauren bis schwach alkalischen, nährstoffreichen Böden; toleriert Trockenheit und lange Schneebedeckung (kurze Vegetationszeit); besiedelt auch Rohböden; meidet stark saure Böden; gute Mahd-, Weide- und Trittverträglichkeit; vermehrt sich generativ mittels Samen und vegetativ durch Bestockung über Stängelkurztriebe und Brutknospen.

Pflanzengesellschaft
Vor allem in Milchkrautweiden und Goldhaferwiesen, auch in Schneetälchen.

Beeinflussung
Durch schwache Düngung mit Mist gefördert.

Futterwert
Als Futter hochwertig (besonders wertvolles Almweidegras).

Besonderheit
Das Alpen-Rispengras gehört zu den „lebend gebärenden“ (pseudoviviparen) Arten. Im Hochgebirge (insbesondere in den Kalkalpen) erfolgt die vegetative Vermehrung auch mittels Brutknospen. Nach der Blütezeit bilden sich auf den Ährchen der Mutterpflanze junge Tochterpflanzen (Pseudoviviparie). Die Jungpflanzen fallen auf den Boden und entwickeln sich dort zu ausgewachsenen Individuen. Mitunter verbleiben die Jungpflanzen auch an der Mutterpflanze, bis sich die Rispe unter deren Gewicht zum Boden hinabbiegt, wo die Jungpflanzen dann wurzeln. Das Alpen-Rispengras ist

eine „Kuhfladenpflanze“. Sie wächst oft direkt auf alten Kuhfladen. Das Alpen-Rispengras eignet sich auch als Zierpflanze in Steingärten.

Wissenswertes

Der alte Älplerspruch gilt: „Muttern (Alpen-Mutterwurz), Romeyen (Alpen-Rispengras) und Adelgras (Alpen-Wegerich), das Beste, was das Kuhlein fraß.“

Verwechslungsmöglichkeit

Wiesen-Rispengras *(Poa pratensis)*: Rispe mit 4–6 Seitenästen auf der unteren Stufe der Hauptachse.

Brutkörper in der Blühregion von Alpen-Rispengras (Poa alpina var. vivipara)

FUTTERPFLANZEN

LEGUMINOSEN

Rot-Klee
Trifolium pratense ssp. pratense

Rot-Klee (Trifolium pratense ssp. pratense)

Bestimmungsmerkmale und Wuchsform

Schmetterlingsblütler; ausdauernd; wintergrün; 10–30 cm hoch; einzeln oder in kleinen Gruppen wachsend; mit kräftiger Pfahlwurzel; Stängel aufsteigend oder aufrecht, schwach anliegend behaart; Laubblätter langgestielt, mit drei Blättchen; alle Blättchen sehr kurzgestielt, 1–3-mal so lang wie breit, eiförmig oder elliptisch, kaum gezähnt, oft mit weißem Winkelfleck; Nebenblätter abrupt in eine Spitze verschmälert; Laubblätter auf beiden Seiten oder nur unten fein behaart; Nebenblätter nur auf den Nerven behaart; Kelchröhre 10-nervig, schwach behaart; Blütenköpfe meist einzeln, 1,5–2,5 cm im Durchmesser; Blüten rot, kugelförmig.

Standortansprüche, Verbreitungsschwerpunkt und Reproduktion

Kommt auf Almen häufig und weit verbreitet in der montanen, subalpinen und unteralpinen Stufe vor (bis ca. 2.300 m); wächst bevorzugt auf frischen, carbonatfreien oder carbonathaltigen, mäßig sauren bis schwach alkalischen, nährstoffreichen Böden; toleriert Trockenheit; gute Mahdverträglichkeit, mäßige Weide- und Trittverträglichkeit; vermehrt sich generativ mittels Samen und vegetativ durch grundständige Seitentriebe.

Pflanzengesellschaft

Vor allem in Bergfettwiesen (Goldhaferwiese, Rot-Schwingel-Straußgraswiese) und Bergfettweiden (Gold-Pippau-Kammgrasweide, Milchkrautweide).

Beeinflussung

Durch schwache Düngung mit Mist gefördert; profitiert von einer Kalkung und/oder Phosphor/Kalium-Düngung; erträgt keine intensive Beweidung.

Futterwert

Hochwertige Futterpflanze (eiweißreich).

Besonderheit

Rot-Klee reichert den Boden mit Stickstoff an (Bodenverbesserer). Er kennzeichnet bei gehäuftem Vorkommen hochwertige (fruchtbare) Almböden (Nährstoffzeiger in Kalk- und Silikat-Magerrasen). Rot-Klee bildet eine langlebige Diasporenbank. Im Boden bleiben die Diasporen 20–100 Jahre keimfähig. Die Diasporenausbreitung

Blütenstand

Blättchen von Rot-Klee: behaart, mit weißem Winkelfleck

erfolgt auch durch Ameisen und Regenwürmer. Rot-Klee ist eine gute Bienenfutterpflanze. Für 1 kg Honig müssen ca. 20 Millionen Blüten angeflogen werden. Modifikative Abweichungen von Kleeblättern mit vier Blättchen gelten wegen ihrer Seltenheit als Glücksbringer.

Wissenswertes

Die Wurzeln der Leguminosen leben in Symbiose mit stickstofffixierenden Bodenbakterien (Knöllchenbakterien). Leguminosen erhalten dadurch mehr als 60 % ihres Stickstoffbedarfs. Sie sind somit vom Stickstoffgehalt des Bodens weitgehend unabhängig und können dadurch auch humusarme (stickstoffarme) Rohböden und Planieböden besiedeln. Leguminosen sind wegen dieser Symbiose auch sehr eiweißreich. Wurzelknöllchen und Teile der Leguminosenwurzel sterben während der Vegetationsperiode ständig ab. Der in ihnen reichlich gebundene Stickstoff (hauptsächlich Luftstickstoff) wird im Boden rasch mineralisiert und steht zeitversetzt auch Nichtleguminosen (Gräsern und Kräutern) zur Verfügung. Leguminosen reichern somit den Boden mit Stickstoff an. Alle Pflanzen profitieren davon, insbesondere auf stickstoffarmen Böden.

Verwechslungsmöglichkeit

Zickzack-Klee *(Trifolium medium ssp. medium)*: Kelchröhre außen kahl (allerdings Kelchzähne bewimpert); wächst vor allem in Wald- und Gebüschsäumen sowie in brachgefallenen Wiesen und Weiden in der kollinen und montanen Stufe.
Hügel-Klee *(Trifolium alpestre)*: Kelchröhre 20-nervig, Blättchen 2,5–8-mal so lang wie breit; wächst vor allem in Wald- und Gebüschsäumen in der kollinen und montanen Stufe.

Schnee-Klee

Trifolium pratense ssp. nivale

Bestimmungsmerkmale und Wuchsform
Schmetterlingsblütler; ausdauernd; wintergrün; 5–20 cm hoch; einzeln oder in kleinen Gruppen wachsend; mit kräftiger Pfahlwurzel; Stängel niederliegend bis aufsteigend, zumindest oberwärts stark abstehend behaart; Laubblätter langgestielt, mit drei Blättchen; alle Blättchen sehr kurzgestielt, eiförmig oder elliptisch, kaum gezähnt, oft mit weißem Winkelfleck; Laubblätter und Nebenblätter stark behaart; Kelchröhre 10-nervig, dicht behaart; Kelchzähne oft rötlich, abstehend behaart; Blüten rötlich- oder gelblichweiß, kugelförmig; Blütenköpfe einzeln, 2,5–3,5 cm im Durchmesser.

Standortansprüche, Verbreitungsschwerpunkt und Reproduktion
Kommt auf Almen häufig und weit verbreitet in der subalpinen und alpinen Stufe vor (bis ca. 2.500 m); wächst bevorzugt auf frischen, carbonatfreien oder carbonathaltigen, mäßig sauren bis schwach alkalischen, nährstoffreichen Böden; gute Mahdverträglichkeit, mäßige Weide- und Trittverträglichkeit; vermehrt sich generativ mittels Samen und vegetativ durch grundständige Seitentriebe.

Pflanzengesellschaft
Vor allem in Milchkrautweiden, Rostseggenrasen und Goldhaferwiesen.

Beeinflussung
Durch schwache Düngung mit Mist gefördert; profitiert von einer Kalkung und/oder Phosphor/Kalium-Düngung; erträgt keine intensive Beweidung.

Futterwert
Hochwertige Futterpflanze (eiweißreich); zählt auf Hochalmen zu den wertvollsten Futterpflanzen.

Besonderheit
Schnee-Klee reichert den Boden mit Stickstoff an (Bodenverbesserer). Er kennzeichnet bei gehäuftem Vorkommen hochwertige (fruchtbare) Almböden (Nährstoffzeiger in Kalk- und Silikat-Magerrasen).

Schnee-Klee (Trifolium pratense ssp. nivale)

Blütenstand

Braun-Klee
Trifolium badium

Blütenstand

Braun-Klee (Trifolium badium)

Bestimmungsmerkmale und Wuchsform

Schmetterlingsblütler; zwei- bis dreijährig; wintergrün; 10–25 cm hoch; einzeln oder in kleinen Gruppen wachsend; mit kräftiger Pfahlwurzel; Stängel niederliegend bis aufsteigend, locker behaart; Laubblätter langgestielt, mit drei Blättchen; alle Blättchen sehr kurzgestielt, gelblichgrün, eiförmig, spärlich behaart, fein gezähnt, unterseits mit parallel schräg nach vorne gerichteten Fiedernerven; die obersten Stängelblätter fast gegenständig; Blütenköpfe einzeln oder zu zweit, meist endständig, langgestielt, anfangs kugelförmig, später eiförmig; Kelchröhre kahl; Kelchzähne kahl oder schwach bewimpert; Blüten 6–9 mm lang, gelb, nach dem Verblühen kastanienbraun.

Standortansprüche, Verbreitungsschwerpunkt und Reproduktion

Kommt auf Almen in den Kalkalpen häufig und weit verbreitet in der montanen, subalpinen und unteralpinen Stufe vor (bis ca. 2.300 m); wächst bevorzugt auf frischen, carbonathaltigen, schwach sauren bis schwach alkalischen, nährstoffreichen Böden (insbesondere Pararendzina, Kalklehm-Rendzina, Kalkbraunlehm); Kalkzeiger; toleriert Nässe und lange Schneebedeckung (kurze Vegetationszeit); Rohbodenbesiedler; geringe Mahd-, Weide- und Trittverträglichkeit; vermehrt sich generativ mittels Samen; keine vegetativen Ausbreitungsorgane.

Pflanzengesellschaft

Vor allem in Gold-Pippau-Kammgrasweiden, Milchkrautweiden und Rostseggenrasen, auch in Schneetälchen, Quellfluren und Kalk-Flachmooren.

Beeinflussung

Durch schwache Düngung mit Mist gefördert; profitiert von einer Kalkung und/oder Phosphor/Kalium-Düngung; erträgt keine intensive Beweidung.

Futterwert

Hochwertige Futterpflanze (eiweißreich).

Besonderheit

Braun-Klee reichert den Boden mit Stickstoff an (Bodenverbesserer). Er ist auf humusreichen Almböden ein Nährstoffzeiger und besiedelt rasch vegetationsfreie Standorte (Pionierpflanze).

FUTTERPFLANZEN

LEGUMINOSEN

Bleicher Klee

Trifolium pallescens

Bleicher Klee (**Trifolium pallescens**)

Bestimmungsmerkmale und Wuchsform

Schmetterlingsblütler; ausdauernd; sommergrün; 5–20 cm hoch; einzeln, in kleinen oder größeren Gruppen wachsend; mit kräftiger Pfahlwurzel; Stängel kahl, niederliegend bis aufsteigend, an den Knoten nicht wurzelnd; ohne oberirdische Kriechtriebe; Laubblätter kahl, langgestielt, mit drei Blättchen; alle Blättchen sehr kurzgestielt, eiförmig oder elliptisch, fein gezähnt; Blütenstände kugelig; Blüten deutlich gestielt; Blütenstiele länger als die Kelchröhre, zuletzt meist stark zurückgekrümmt; Kelchröhre 10-nervig; Kelchzähne ungleich lang; Blüten schmutzig-weiß, selten gelblich oder rosa, beim Verblühen dunkelbraun und hängend.

Standortansprüche, Verbreitungsschwerpunkt und Reproduktion

Kommt auf Almen in den Zentralalpen in den Bundesländern Steiermark, Kärnten, Salzburg, Tirol und Vorarlberg in der subalpinen und alpinen Stufe mäßig häufig vor (bis ca. 2.700 m); wächst bevorzugt auf frischen, carbonatfreien, mäßig bis stark sauren, nährstoffarmen Böden (Ranker, Braunerde); besiedelt auch sandige, feinkiesige, humusarme Böden (Rohboden, Schwemmboden); Säurezeiger; Rohbodenbesiedler (Geröllpflanze, Pionierpflanze); mäßige Mahd-, Weide- und Trittverträglichkeit; vermehrt sich generativ mittels Samen und vegetativ durch grundständige Seitentriebe.

Pflanzengesellschaft

Vor allem in subalpinen und alpinen Silikatschutt-Gesellschaften (Moränen, Hangschutt, Blockhalden, Schutthalden, Schotterbänke), auch in Bürstlingsrasen und Krummseggenrasen.

Beeinflussung

Durch Vegetationslücken (offene Bodenstellen) gefördert; Pionierpflanze.

Futterwert

Hochwertige Futterpflanze (eiweißreich); besonders wertvoll auf Rohböden und Schwemmböden.

Besonderheit

Bleicher Klee reichert den Boden mit Humus und Stickstoff an (Bodenverbesserer).

Blütenköpfe

Verwechslungsmöglichkeit

Weißklee (*Trifolium repens*): Stängel kriechend und an den Knoten wurzelnd; bildet lange oberirdische Kriechtriebe.

Rasiger Klee (*Trifolium thalii*): Stängel sehr kurz (0–3 cm lang); Blütenstiele kürzer als die Kelchröhre, nach dem Verblühen nicht oder nur wenig zurückgekrümmt; auf carbonathaltigen Böden in Tirol und Vorarlberg.

Blütenköpfe und Blätter von Bleichem Klee

FUTTERPFLANZEN

LEGUMINOSEN

Hornklee

Lotus corniculatus

Bestimmungsmerkmale und Wuchsform

Schmetterlingsblütler; ausdauernd; teilweise wintergrün; 5–40 cm hoch; einzeln oder in kleinen Gruppen wachsend; mit tiefreichender Pfahlwurzel; ohne unterirdische Ausläufer; Stängel aufsteigend bis aufrecht, markig, viereckig; Laubblätter aus fünf Blättchen bestehend, mit drei kurzgestielten Endblättchen, das unterste Blattpaar nebenblattartig dicht am Stängel; Blättchen eiförmig, 4–18 mm lang; Kelchzähne so lang oder etwas kürzer als die Kelchröhre; Blütenstände 4–8-blütig; Blüten 10–14 mm lang, duftlos oder honigartig duftend, gelb; Schiffchenspitze gelb oder rötlich.

Varietät alpicola: Wächst über der Waldgrenze; 5–10 cm hoch; Kelchzähne deutlich kürzer als die Kelchröhre; Blättchen 2–8 mm lang, meist kahl; Blütenstände 1–3-blütig; Blüten 14–18 mm lang; Schiffchenspitze rot bis dunkelbraun.

Standortansprüche, Verbreitungsschwerpunkt und Reproduktion

Kommt auf Almen häufig und weit verbreitet in der montanen, subalpinen und unteralpinen Stufe vor (bis ca. 2.300 m); wächst bevorzugt auf frischen, carbonathaltigen oder carbonatfreien, mäßig sauren bis schwach alkalischen, nährstoffarmen bis mäßig nährstoffreichen Böden; toleriert Trockenheit und Nässe; mäßige Mahd-, Weide- und Trittverträglichkeit; vermehrt sich generativ mittels Samen und vegetativ durch grundständige Seitentriebe.

Hornklee (Lotus corniculatus)

Pflanzengesellschaft

Vor allem in Goldhaferwiesen, Gold-Pippau-Kammgrasweiden, Milchkrautweiden, Kalkmagerweiden und Blaugras-Horstseggenrasen, auch in Halbtrockenrasen und Kalk-Flachmooren.

Beeinflussung

Durch schwache Düngung mit Mist gefördert; profitiert von einer Kalkung und/oder Phosphor/Kalium Düngung; erträgt keine intensive Beweidung.

Futterwert

Hochwertige Futterpflanze (eiweißreich).

Laubblatt

Blütenstände von Hornklee

Besonderheit

Hornklee reichert den Boden mit Stickstoff an (Bodenverbesserer). Er bildet eine dauerhafte Diasporenbank im Boden (über 100 Jahre) und ist eine sehr gute Bienenfutterpflanze. Er eignet sich als frostharte Zierpflanze in Steingärten. Hornklee enthält cyanogene (bei Verletzung Blausäure abspaltende) Verbindungen. Diese sind für Schnecken als potenzielle Hauptfeinde giftig.

Wissenswertes

Die Bestäuber werden durch die gelbe Blütenfarbe angelockt. Insekten sehen gelbe und blaue Farben gut, eine rote Farbe hingegen schlecht. Daher haben Pflanzen mit gelben oder blauen Blütenfarben eine größere Chance bestäubt zu werden als Pflanzen mit roter Blütenfarbe.

Alpen-Wundklee
(**Anthyllis vulneraria ssp. alpicola**)

Alpen-Wundklee

Anthyllis vulneraria ssp. alpicola

Bestimmungsmerkmale und Wuchsform

Schmetterlingsblütler; ausdauernd; teilweise wintergrün; 5–20 cm hoch; einzeln oder in kleinen Gruppen wachsend; mit kräftiger Pfahlwurzel; Stängel niederliegend bis aufsteigend, abstehend behaart, im unteren Teil mit 1–3 Stängelblättern; Laubblätter unpaarig gefiedert, Endblättchen viel größer als die Seitenblättchen; Grundblätter oft nur aus dem großen, elliptischen Endblättchen bestehend; Kelch 13–15 mm lang, mit dunkelgrauen, abstehenden Haaren, wenig aufgeblasen, manchmal mit schwach geröteter Spitze; Kelchzähne viel kürzer als die Kelchröhre; Blüten in endständigen Köpfchen, goldgelb.

Standortansprüche, Verbreitungsschwerpunkt und Reproduktion

Kommt auf Almen häufig und weit verbreitet in der montanen, subalpinen und alpinen Stufe vor (bis ca. 2.400 m); wächst bevorzugt auf frischen, carbonathaltigen, schwach sauren bis schwach alkalischen, nährstoffarmen Böden (Rendzina, Pararendzina); Kalkzeiger; toleriert Trockenheit; mäßige Mahd-, Weide- und Trittverträglichkeit; vermehrt sich generativ mittels Samen und vegetativ durch grundständige Seitentriebe.

Pflanzengesellschaft

Vor allem in Blaugras-Horstseggenrasen, Polsterseggenrasen und Kalkmagerweiden sowie in Kalkschutt-Gesellschaften (Moränen, Geröllhalden).

Beeinflussung

Durch Düngung (Lichtkonkurrenz) und intensive Beweidung verdrängt; profitiert von einer Kalkung.

Futterwert

Hochwertige Futterpflanze (eiweißreich).

Besonderheit

Wundklee besitzt einen durch Lufteinschluss blasig aufgetriebenen (ballonartigen) Kelch. Der Kelch löst sich durch Austrocknen vom Fruchtköpfchen und die Diaspore wird vom Wind als Ballonflieger fortgeweht. Die Diaspore ist jedoch zu schwerfällig, um sich in der Luft zu halten und wird als Bodenläufer vom Wind entlang der Bodenoberfläche ausgebreitet. Alpen-Wundklee reichert den Boden mit Stickstoff an (Bodenverbesserer). Er ist eine Färberpflanze (färbt Wolle gelb) und

zerquetschen und den Frischsaft auf die Lippen tupfen. Wundklee wird auch als homöopathisches Mittel genutzt (Wundheilmittel). Er eignet sich als frostharte Zierpflanze in Steingärten.

Wissenswertes

Der deutsche Artname „Wundklee" und der lateinische Artname „vulneraria" (vulnerare = verwunden) beziehen sich auf die Verwendung als Volksarzneipflanze.

eine gute Bienenfutterpflanze. Wundklee wird in der Volksmedizin zur Wundbehandlung, gegen Lippenherpes und Entzündungen im Mund- und Rachenbereich verwendet. Bei Herpesbläschen einige Blüten

Verwechslungsmöglichkeit

Gewöhnlicher Wundklee *(Anthyllis vulneraria ssp. carpatica)*: Kelch 8–12 mm lang, ohne dunkelgraue, abstehende Haare; Grundblätter mit seitlichen Blättchen; Blüten hellgelb; wächst bevorzugt in Halbtrockenrasen in der kollinen und montanen Stufe.

Blütenstände und Grundblätter von Alpen-Wundklee

Hufeisenklee
Hippocrepis comosa

Bestimmungsmerkmale und Wuchsform
Schmetterlingsblütler; ausdauernd; wintergrün; 5–20 cm hoch; einzeln, in kleinen oder größeren Gruppen wachsend; mit tiefreichender Pfahlwurzel; Stängel meist zahlreich, verzweigt, niederliegend bis aufsteigend, am Grund oft verholzt (Halbstrauch); Laubblätter grün, langgestielt, unpaarig gefiedert, mit 4–8 Fiederpaaren; Blättchen lanzettlich oder eiförmig, ohne knorpeligen Rand; Nebenblätter viel kleiner als ein Fiederblättchen; Kelch länger als der Blütenstiel; Kelchzähne spitz, dreieckig; die oberen Kelchzähne deutlich länger als die unteren; Blütenstand mit 5–12 Blüten; Blüten 7–12 mm lang, kurzgestielt, gelb, duftend; Hülse mit hufeisenförmigen Gliedern, reif dunkelbraun.

Standortansprüche, Verbreitungsschwerpunkt und Reproduktion
Kommt auf Almen in den Kalkalpen häufig und weit verbreitet in der montanen, subalpinen und unteralpinen Stufe vor (bis ca. 2.300 m); wächst bevorzugt auf frischen, carbonathaltigen, schwach sauren bis schwach alkalischen, nährstoffarmen Böden (Rendzina, Pararendzina); Kalkzeiger; toleriert Trockenheit; mäßige Mahd-, Weide- und Trittverträglichkeit; vermehrt sich generativ mittels Samen und vegetativ durch grundständige Seitentriebe.

Hufeisenklee (Hippocrepis comosa)

Pflanzengesellschaft
Vor allem in Kalk-Magerrasen (insbesondere Blaugras-Horstseggenrasen) und Kalkmagerweiden, auch in Halbtrockenrasen.

Beeinflussung
Durch Vegetationslücken (offene Bodenstellen) gefördert (Pionierpflanze); durch Düngung (Lichtkonkurrenz) und intensive Beweidung verdrängt.

Futterwert
Hochwertige Futterpflanze (eiweißreich).

Besonderheit
Hufeisenklee reichert den Boden mit Stickstoff an (Bodenverbesserer). Die geflügelten Diasporen werden als Flügelflieger durch den Wind ausgebreitet. Hufeisenklee bildet eine kurzzeitige Diasporenbank im Boden (1–5 Jahre). Die gelben, duftenden Blüten locken

Wissenswertes

Der deutsche Artname „Hufeisenklee" und der lateinische Gattungsname *„Hippocrepis"* (griechisch: hippos = Pferd; krepis = Schuh, Hufeisen) beziehen sich auf die hufeisenförmig gebogene Hülse.

Verwechslungsmöglichkeit

Scheiden-Kronwicke *(Coronilla vaginalis)*: Laubblätter blaugrun; Nebenblatter fast so groß wie ein Fiederblättchen; wächst bevorzugt in Kalk-Magerrasen und Kalkmagerweiden in der montanen und subalpinen Stufe.

Bestäuber an. Die Leguminose eignet sich als frostharte Zierpflanze in Steingärten.

Blütenstand von Hufeisenklee

Alpen-Süßklee

Hedysarum hedysaroides ssp. hedysaroides

Bestimmungsmerkmale und Wuchsform

Schmetterlingsblütler; ausdauernd; sommergrün; 10–30 cm hoch; in kleinen Gruppen wachsend; mit tiefreichender Pfahlwurzel und unterirdischen Ausläufern; Stängel meist einzeln, aufrecht, kantig, beblättert; Laubblätter unpaarig gefiedert, mit 5–9 Fiederpaaren; Blättchen eiförmig oder elliptisch, oberseits dunkelgrün, unterseits blassgrün, mit 9–12 deutlichen, parallelen Seitennerven und zerstreuten, durchscheinenden Punkten; Blütenstand mit 10–35 Blüten; Blüten in einer langgestielten, endständigen, 5–10 cm langen Traube; Blüten kurzgestielt, 2 cm lang, purpurrot.

Standortansprüche, Verbreitungsschwerpunkt und Reproduktion

Kommt auf Almen in den Kalkalpen häufig und weit verbreitet in der subalpinen und alpinen Stufe vor (bis ca. 2.800 m); wächst bevorzugt auf frischen, carbonathaltigen, schwach sauren bis schwach alkalischen, nährstoffarmen Böden (Rendzina, Pararendzina); Kalkzeiger; geringe Mahd-, Weide- und Trittverträglichkeit; vermehrt sich generativ mittels Samen und vegetativ durch unterirdische Ausläufer.

Pflanzengesellschaft

Vor allem in Rostseggenrasen.

Beeinflussung

Durch Düngung (Lichtkonkurrenz) und intensive Beweidung verdrängt; sehr trittempfindlich.

Futterwert

Hochwertige Futterpflanze (eiweißreich).

Besonderheit

Der Alpen-Süßklee reichert den Boden mit Stickstoff an (Bodenverbesserer).

Alpen-Süßklee (Hedysarum hedysaroides ssp. hedysaroides)

Blütenstand

Alpen-Spitzkiel

Oxytropis campestris

Blütenstand

Unpaarig gefiedertes Laubblatt von Alpen-Spitzkiel

Bestimmungsmerkmale und Wuchsform

Schmetterlingsblütler; ausdauernd; wintergrün; 5–20 cm hoch; einzeln oder in kleinen Gruppen wachsend; mit kräftiger Pfahlwurzel; alle Laubblätter in grundständiger Rosette (Stängel fehlend); Laubblätter unpaarig gefiedert, mit 10–15 Fiederpaaren; Blättchen eiförmig-lanzettlich, graugrün; Nebenblätter ziemlich weit mit dem Blattstiel verwachsen; Kelch mit zahlreichen kurzen, schwarzen und weißen Haaren; Kelchzähne kurz, dreieckig; Blütenköpfe 10–18-blütig; Stiel des Blütenstandes die grundständigen Laubblätter deutlich überragend; Blüten gelblich-weiß; Schiffchen manchmal mit violetten Flecken *(var. campestris)*; Blüten selten blauviolett *(var. tiroliensis)*; Schiffchen mit deutlicher Spitze; Blütenstiel höchstens 2 mm lang; Hülse ungestielt, aufgeblasen, dicht behaart.

Standortansprüche, Verbreitungsschwerpunkt und Reproduktion

Kommt auf Almen in den Bundesländern Steiermark, Kärnten, Salzburg, Tirol und Vorarlberg in der montanen, subalpinen und alpinen Stufe insbesondere in Gebieten mit silikatisch-carbonatischen Gesteinen (Kalkglimmerschiefer, Kalkphyllit, Kalksandstein) häufig vor (bis ca. 2.800 m); wächst bevorzugt auf frischen, carbonathaltigen, mäßig sauren bis schwach alkalischen, nährstoffarmen Böden (insbesondere Pararendzina); erträgt Trockenheit; mäßige Mahd-, Weide- und Trittverträglichkeit; vermehrt sich generativ mittels Samen und vegetativ durch grundständige Seitentriebe.

Pflanzengesellschaft

Vor allem in Kalk-Magerrasen (insbesondere Blaugras-Horstseggenrasen) und Kalkmagerweiden.

Beeinflussung

Durch Düngung (Lichtkonkurrenz) und intensive Beweidung verdrängt.

Futterwert

Hochwertige Futterpflanze (eiweißreich).

Besonderheit

Der Alpen-Spitzkiel reichert den Boden mit Stickstoff an (Bodenverbesserer). Eine Keimung der Samen erfolgt nur, wenn die harte Schale durch häufigen Frost aufgebrochen wird.

Wissenswertes

Der deutsche Gattungsname „Spitzkiel" bezieht sich auf die Schiffchenspitze, durch die sich Spitzkielarten von allen anderen Schmetterlingsblütlern unterscheiden.

Österreich-Spitzkiel

Oxytropis montana

Bestimmungsmerkmale und Wuchsform

Schmetterlingsblütler; ausdauernd; sommergrün; 5–25 cm hoch; einzeln oder in kleinen Gruppen wachsend; mit kräftiger Pfahlwurzel; Stängel kurz (1–4 cm), niederliegend bis aufsteigend, locker seidig behaart bis fast kahl; Laubblätter rosettig bis wechselständig, blaugrün, meist nur unterseits behaart, unpaarig gefiedert, mit 8–17 Fiederpaaren und rötlichem Blattstiel; Blättchen eiförmig; Nebenblätter nur am Grund mit dem Blattstiel verwachsen; Stiel des Blütenstandes etwa so lang wie die Laubblätter; Blütenstand kopfig, vielblütig; Blüten kurzgestielt, rot- bis blauviolett; Schiffchen mit deutlicher Spitze; Kelch mit kurzen, dunklen Haaren; Kelchzähne viel kürzer als die Kelchröhre; Hülse deutlich gestielt, aufrecht oder abstehend, stark aufgeblasen, anfangs mit kurzen schwarzen Haaren, später kahl.

Standortansprüche, Verbreitungsschwerpunkt und Reproduktion

Kommt auf Almen in den Kalkalpen mäßig häufig in der subalpinen und alpinen Stufe vor (bis ca. 2.800 m); wächst bevorzugt auf frischen, carbonathaltigen, schwach sauren bis schwach alkalischen, nährstoffarmen Böden (Rendzina, Pararendzina); Kalkzeiger; mäßige Mahd-, Weide- und Trittverträglichkeit; vermehrt sich generativ mittels Samen und vegetativ durch grundständige Seitentriebe.

Pflanzengesellschaft

Vor allem in Blaugras-Horstseggenrasen und Polsterseggenrasen, auch in Kalkschutt-Gesellschaften.

Beeinflussung

Durch Vegetationslücken (offene Bodenstellen) gefördert (Pionierpflanze); durch Düngung (Lichtkonkurrenz) und intensive Beweidung verdrängt.

Futterwert

Hochwertige Futterpflanze (eiweißreich).

Besonderheit

Der Österreich-Spitzkiel reichert den Boden mit Stickstoff an (Bodenverbesserer).

Wissenswertes

Der deutsche Gattungsname „Spitzkiel" bezieht sich auf die Schiffchenspitze, durch die sich Spitzkielarten von allen anderen Schmetterlingsblütlern unterscheiden.

Österreich-Spitzkiel mit seinen charakteristisch unpaarig gefiederten Laubblättern

Alpen-Tragant

Astragalus alpinus

Blütenkopf

Alpen-Tragant mit unpaarig gefiederten Laubblättern

Bestimmungsmerkmale und Wuchsform

Schmetterlingsblütler; ausdauernd; sommergrün; 5–30 cm hoch; einzeln oder in kleinen Gruppen wachsend; mit Pfahlwurzel und kurzem, dünnem Rhizom; Stängel niederliegend bis aufsteigend; Laubblätter unpaarig gefiedert, mit 6–12 Fiederpaaren, anfangs beiderseits schwach anliegend behaart, später oberseits kahl; Blättchen elliptisch; Blütenstände mit 5–15 abstehenden bis nickenden, schwach duftenden Blüten; Fahne weiß und violett gescheckt; Flügel weiß, kürzer als das Schiffchen; Schiffchen so lang wie die Fahne, weiß mit violetter Spitze; Kelch grün, oberseits rötlich überlaufen, dunkelbraun behaart; Hülse hängend, gestielt, aufgeblasen, zottig behaart.

Standortansprüche, Verbreitungsschwerpunkt und Reproduktion

Kommt auf Almen in den Bundesländern Steiermark, Kärnten, Salzburg, Tirol und Vorarlberg in der subalpinen und unteralpinen Stufe häufig vor (bis ca. 2.300 m); wächst bevorzugt auf frischen, carbonathaltigen, schwach sauren bis schwach alkalischen, nährstoffarmen Böden (Rendzina, Pararendzina); Kalkzeiger; mäßige Mahd-, Weide- und Trittverträglichkeit; vermehrt sich generativ mittels Samen und vegetativ durch grundständige Seitentriebe.

Pflanzengesellschaft

Vor allem in Kalk-Magerrasen (Blaugras-Horstseggenrasen, Rostseggenrasen) und Milchkrautweiden.

Beeinflussung

Durch Düngung (Lichtkonkurrenz) und intensive Beweidung verdrängt.

Futterwert

Hochwertige Futterpflanze (eiweißreich).

Besonderheit

Der Alpen-Tragant erträgt die Beweidung besser als die anderen Tragant-Arten. Die aufgeblasenen Hülsen können durch den Wind ausgebreitet werden. Der Alpen-Tragant reichert den Boden mit Stickstoff an (Bodenverbesserer).

Kälte-Tragant

Astragalus frigidus

FUTTERPFLANZEN

LEGUMINOSEN

Bestimmungsmerkmale und Wuchsform

Schmetterlingsblütler; ausdauernd; sommergrün; 10–40 cm hoch; mit langen unterirdischen Ausläufern; in Gruppen wachsend; Stängel aufrecht, meist unverzweigt, beblättert, kahl, am Grund mit braunen Niederblättern; Laubblätter unpaarig gefiedert, mit großem Endblättchen und 4–8 Fiederpaaren; Blättchen 7–12 mm breit, eiförmig, oberseits dunkelgrün, kahl, unterseits und am Rande zerstreut behaart, hellgrün, netzadrig; Nebenblätter groß, blattartig; Kelch oft rötlich, anliegend dunkelhaarig, mit kurzen, breiten Zähnen; Blütenstände mit 5–20 nickenden, gelben bis gelblich-weißen Blüten; Blüten 14–17 mm lang; Blütentraube überragt die Laubblätter meist nur wenig; Hülse deutlich gestielt, hängend, schwach aufgeblasen, anfangs dicht schwarz und weiß behaart, später kahl.

Standortansprüche, Verbreitungsschwerpunkt und Reproduktion

Kommt auf Almen in den Kalkalpen in der subalpinen und alpinen Stufe häufig vor (bis ca. 2.500 m); wächst bevorzugt auf frischen, carbonathaltigen, schwach sauren bis schwach alkalischen, nährstoffarmen Böden (Rendzina, Pararendzina); Kalkzeiger; geringe Mahd-, Weide- und Trittverträglichkeit; vermehrt sich generativ mittels Samen und vegetativ durch unterirdische Ausläufer.

Kälte-Tragant (Astragalus frigidus)

Pflanzengesellschaft

Vor allem in Rostseggenrasen.

Beeinflussung

Durch Düngung (Lichtkonkurrenz) und intensive Beweidung verdrängt; sehr trittempfindlich.

Futterwert

Hochwertige Futterpflanze (eiweißreich).

Blütenstand

Besonderheit

Der Kälte-Tragant reichert den Boden mit Stickstoff an (Bodenverbesserer).

Verwechslungsmöglichkeit

Hänge-Tragant *(Astragalus penduliflorus)*: Blüten 9–13 mm lang; Blättchen 3–6 mm breit; Stängel stark verzweigt, meist behaart; Fiederpaare 7–15; kommt in Kärnten, Salzburg, Tirol, Vorarlberg und in der Steiermark mäßig häufig bis selten in der montanen und subalpinen Stufe in Magerrasen vor.

Hülsen von Kälte-Tragant

Rauer Löwenzahn
Leontodon hispidus

Rauer Löwenzahn (Leontodon hispidus)

Bestimmungsmerkmale und Wuchsform
Korbblütler; ausdauernd; teilweise wintergrün; 15–30 cm hoch; einzeln oder in kleinen Gruppen wachsend; Stängel einzeln, aufrecht, unverzweigt, einköpfig, unter dem Blütenkopf verdickt, behaart oder kahl, blattlos, mit 0–3 schuppenförmigen Hochblättern; Stängel viel länger als die rosettenförmig angeordneten Grundblätter; Grundblätter oval-lanzettlich, buchtig gezähnt bis fiederteilig, kahl oder mit 2–4-strahligen Sternhaaren; Mittelnerv der Grundblätter markig, ohne Milchsaft; Blütenköpfe vor dem Aufblühen nickend; Körbe nur mit gelben Zungenblüten (ohne Röhrenblüten); Pappus sitzt direkt an der Spitze der Diaspore (nicht gestielt); Pappushaare gefiedert, gelblich-weiß.

Standortansprüche, Verbreitungsschwerpunkt und Reproduktion
Kommt auf Almen häufig und weit verbreitet in der montanen, subalpinen und alpinen Stufe vor (bis ca. 2.700 m); wächst bevorzugt auf frischen, carbonathaltigen oder carbonatfreien, mäßig sauren bis schwach alkalischen, mäßig nährstoffreichen Böden; Nährstoffzeiger, kennzeichnet hochwertige (fruchtbare) Almböden; toleriert Trockenheit und Nässe; gute Mahd-, Weide- und Trittverträglichkeit; vermehrt sich generativ mittels Samen und vegetativ durch grundständige Seitentriebe.

Pflanzengesellschaft
Vor allem in Bergfettwiesen (Goldhaferwiese, Rot-Schwingel-Straußgraswiese) und Bergfettweiden (Gold-Pippau-Kammgrasweide, Milchkrautweide).

Beeinflussung
Durch schwache Düngung gefördert.

Futterwert
Hochwertige Futterpflanze.

Grundblatt mit Sternhaaren

Besonderheit

Rauer Löwenzahn ist in den Tal- und Beckenlagen ein Magerkeitszeiger. Im Berggebiet hingegen ist er ein Nährstoffzeiger, weil konkurrenzkräftigere Obergräser klimabedingt weitgehend fehlen. Rauer Löwenzahn stellt keine besonderen Ansprüche an den Bodenwasserhaushalt. Er kommt sowohl in Halbtrockenrasen als auch in Flachmooren vor. Rauer Löwenzahn bildet eine mittellebige Diasporenbank im Boden (5–20 Jahre). Die Diasporen weisen ein hohes Ausbreitungspotenzial auf (Schirmchenflieger).

Wissenswertes

Der Wind ist wichtigster Träger von Diasporen. Pflanzen mit Pappus (Schirmchenflieger) weisen deshalb ein hohes Ausbreitungspotenzial auf. Der Pappus wirkt wie ein Fallschirm. Die Diasporen werden dadurch kilometerweit mit dem Wind ausgebreitet. Durch diese Fernausbreitung können neue Lebensräume leicht besiedelt werden. Der Pappus kommt häufig in der Pflanzenfamilie der Korbblütler vor.

Blütenkopf von Rauem Löwenzahn

Verwechslungsmöglichkeit

Wiesen-Löwenzahn *(Taraxacum officinale agg.)*: Mittelnerv der Grundblätter hohl, mit Milchsaft; Pappus langgestielt; Pappushaare nicht gefiedert; wächst bevorzugt in Fettwiesen und Fettweiden in der kollinen und montanen Stufe.
Schweizer Löwenzahn *(Scorzoneroides helvetica)*: Stängel unter dem Blütenkopf kaum verdickt, mit mehr als zwei schuppenförmigen Hochblättern; wächst in der subalpinen und alpinen Stufe auf carbonatfreien, sauren Böden.

Schweizer Löwenzahn

Scorzoneroides helvetica

Bürstlingsrasen mit hoher Individuenzahl des Schweizer Löwenzahns (Scorzoneroides helvetica)

Bestimmungsmerkmale und Wuchsform
Korbblütler; ausdauernd; teilweise wintergrün; 10–30 cm hoch; einzeln oder in kleinen Gruppen wachsend; Stängel einzeln, aufrecht, unverzweigt, einköpfig, bedeutend länger als die grundständigen Laubblätter, mit mehr als zwei schuppenförmigen Hochblättern, unter dem Blütenkopf kaum verdickt; grundständige Laubblätter dem Boden meist nicht anliegend, schmal-oval bis lanzettlich, buchtig gezähnt bis fast ganzrandig, deutlich gestielt, kahl oder behaart (Haare einfach); Blattstiel ungeflügelt; Hüllblätter abstehend schwarz behaart; Blütenköpfe vor dem Aufblühen aufrecht; Körbe nur mit gelben Zungenblüten (ohne Röhrenblüten); Pappushaare gefiedert, gelblich-weiß; Pappus sitzt direkt an der Spitze der Diaspore (nicht gestielt).

Standortansprüche, Verbreitungsschwerpunkt und Reproduktion
Kommt auf Almen in den Zentralalpen häufig und weit verbreitet in der subalpinen und alpinen Stufe vor (bis ca. 3.000 m); wächst bevorzugt auf frischen, carbonatfreien, stark bis sehr stark sauren, nährstoffarmen Böden (Ranker, Braunerde); Säurezeiger; gute Mahd-, Weide- und Trittverträglichkeit; vermehrt sich generativ mittels Samen und vegetativ durch grundständige Seitentriebe.

Pflanzengesellschaft
Vor allem in Bürstlingsrasen und Krummseggenrasen.

Beeinflussung
Durch Düngung verdrängt (Lichtkonkurrenz).

Futterwert
Hochwertige Futterpflanze.

Blütenkopf

Kennzeichnend für den Schweizer Löwenzahn sind die schwarz behaarten Hüllblätter und schuppenförmigen Hochblätter

Besonderheit
Die Diasporen weisen ein hohes Ausbreitungspotenzial auf (Schirmchenflieger).

Verwechslungsmöglichkeit
Rauer Löwenzahn *(Leontodon hispidus)*: Stängel mit 0–3 schuppenförmigen Hochblättern, unter dem Blütenkopf verdickt; Blütenköpfe vor dem Aufblühen nickend, grundständige Laubblätter kahl oder mit 2–4-strahligen Sternhaaren.

FUTTERPFLANZEN

KRÄUTER

Herbst-Löwenzahn
Scorzoneroides autumnalis

Herbst-Löwenzahn (Scorzoneroides autumnalis)

Bestimmungsmerkmale und Wuchsform

Korbblütler; ausdauernd; wintergrün; 15–50 cm hoch; einzeln oder in kleinen Gruppen wachsend; Stängel aufrecht oder bogenförmig aufsteigend, bedeutend länger als die grundständigen Laubblätter, meist verzweigt, zwei- bis siebenköpfig (im Almgebiet oft einköpfig), unter dem Blütenkopf etwas verdickt, blattlos, meist mit zahlreichen schuppenförmigen Hochblättern; Blütenköpfe vor dem Aufblühen aufrecht; Laubblätter grundständig, eine Rosette bildend, dem Boden anliegend, vorwiegend kahl oder mit einfachen Haaren, meist fiederschnittig und mit schmalen, abstehenden, länglichen Zipfeln, selten nur buchtig gezähnt; Blattstiel geflügelt; Körbe nur mit gelben Zungenblüten (ohne Röhrenblüten), Zungen der äußeren Blüten unterseits oft rötlich gestreift; Pappus sitzt direkt an der Spitze der Diaspore (nicht gestielt); Pappushaare gefiedert, gelblich-weiß.

Standortansprüche, Verbreitungsschwerpunkt und Reproduktion

Kommt auf Almen häufig und weit verbreitet in der montanen und subalpinen Stufe vor (bis ca. 2.000 m); wächst bevorzugt auf frischen oder krumenwechselfeuchten, carbonatfreien, mäßig bis stark sauren, mäßig nährstoffreichen Böden (Ranker, Braunerde); Säurezeiger; Bodenverdichtungszeiger; gute Mahdverträglichkeit, sehr gute Weide- und Trittverträglichkeit; vermehrt sich generativ mittels Samen und vegetativ durch grundständige Seitentriebe.

Pflanzengesellschaft

Vor allem in Bergfettweiden (Gold-Pippau-Kammgrasweide, Milchkrautweide) und Trittrasen.

Beeinflussung

Durch schwache Düngung, häufigen Tritt und intensive Beweidung gefördert.

Futterwert

Hochwertige Futterpflanze.

Blütenköpfe

Besonderheit

Der Herbst-Löwenzahn bildet eine mittellebige Diasporenbank im Boden (5–20 Jahre). Die Diasporen weisen ein hohes Ausbreitungspotenzial auf (Schirmchenflieger).

Verwechslungsmöglichkeit

Schweizer Löwenzahn *(Scorzoneroides helvetica)*: Blattstiel ungeflügelt; Stängel unverzweigt, einköpfig.
Rauer Löwenzahn *(Leontodon hispidus)*: Stängel unverzweigt, einköpfig; Blütenköpfe vor dem Aufblühen nickend.
Gewöhnliches Ferkelkraut *(Hypochaeris radicata)*: grundständige Laubblätter borstig behaart.

Grundständige Laubblätter von Herbst-Löwenzahn

Alpen-Löwenzahn
Taraxacum alpinum agg.

Alpen-Löwenzahn (Taraxacum alpinum agg.)

Bestimmungsmerkmale und Wuchsform
Korbblütler; ausdauernd; teilweise wintergrün; mit kräftiger Pfahlwurzel; 5-20 cm hoch; einzeln oder in kleinen Gruppen wachsend; Stängel etwa so lang wie die grundständigen Laubblätter, blattlos, hohl, rund, unverzweigt, einköpfig; Laubblätter tief eingeschnitten, grob gezähnt, mit vergrößertem Endlappen, kahl oder zerstreut weißflockig behaart, Mittelnerv hohl; Blattstiel nicht geflügelt, meist ziemlich kurz; äußere Hüllblätter rundlich-eiförmig, ohne oder mit nur schmalem Hautrand, deutlich kürzer als die inneren, den inneren Hüllblättern anliegend oder nur wenig von diesen abstehend; Körbe nur mit gelben Zungenblüten; Zungen unterseits bräunlich oder purpur gestreift; Pappus langgestielt; Pappushaare nicht gefiedert.

Standortansprüche, Verbreitungsschwerpunkt und Reproduktion
Kommt auf Almen häufig und weit verbreitet in der subalpinen und alpinen Stufe vor (bis ca. 3000 m); wächst bevorzugt auf frischen, carbonatfreien oder carbonathaltigen, mäßig sauren bis schwach alkalischen, nährstoffreichen Böden; Nährstoffzeiger, kennzeichnet hochwertige (fruchtbare) Almböden; gute Mahd-, Weide- und Trittverträglichkeit; toleriert Trockenheit (Tiefwurzler) und lange Schneebedeckung (kurze Vegetationszeit); vermehrt sich vor allem generativ mittels Samen aber auch vegetativ durch Wurzelsprosse.

Pflanzengesellschaft
Vor allem in Milchkrautweiden, Lägerfluren und Schneetälchen; auch um Almhütten und Viehställe.

Beeinflussung
Durch Düngung und Vegetationslücken (offene Bodenstellen) gefördert (Pionierpflanze).

Futterwert
Hochwertige Futterpflanze.

Besonderheit
Alle Pflanzenteile enthalten einen weißen Milchsaft. Die Diasporen weisen ein hohes Ausbreitungspotenzial auf (Schirmchenflieger). Für ihre Keimung sind Keimplätze notwendig (Lücken in der Grasnarbe). Der Löwenzahn ist ein

Blütenkopf

vielseitig verwendbares Wildkraut (Salat, Gemüse, Suppe, Pesto, Kräutersalz, Saft, Sirup, Tee, Honig). Er ist Bestandteil von Teemischungen (meist Gallen- und Lebertees) und wird in der Humanmedizin vor allem bei Appetitlosigkeit und Arthrose sowie als harntreibendes Mittel und als Prophylaxe gegen Gallensteine eingesetzt. Homöopathisch wird der Löwenzahn insbesondere zur Behandlung von Durchblutungsstörungen der Finger mit kalten Fingerspitzen verwendet. Auch in der Tiermedizin wird er vielseitig genutzt (z.B. Appetitlosigkeit, Rheumatismus, Störungen der Leber- und Gallenfunktion). Der Löwenzahn ist eine Wetterpflanze. Bei trübem und nassem Wetter schließen sich die Blütenköpfe.

Wissenswertes

Der Löwenzahn wurde zum Färben der Butter verwendet (Färberpflanze). Er ist eine gute Bienenfutterpflanze. 125.000 Blütenköpfe ergeben 1 kg Honig. Der Name „Löwenzahn" resultiert aus den gezähnten Laubblättern. Er wird auch Pusteblume genannt, weil die falschirmartigen Früchte davonfliegen, wenn man sie anbläst.

Verwechslungsmöglichkeit

Wiesen-Löwenzahn *(Taraxacum officinale agg.)*: äußere Hüllblätter länglich-lanzettlich, während des Blühens nur wenig kürzer als die inneren, meist waagrecht abstehend bis zurückgeschlagen; wächst bevorzugt in Fettwiesen und Fettweiden in der kollinen und montanen Stufe.

Fruchtkopf von Alpen-Löwenzahn

Gold-Pippau
Crepis aurea

Gold-Pippau (Crepis aurea)

FUTTERPFLANZEN

KRÄUTER

Bestimmungsmerkmale und Wuchsform

Korbblütler; ausdauernd; wintergrün; 5–30 cm hoch; einzeln oder in kleinen Gruppen wachsend; Stängel einzeln, aufrecht, unverzweigt, einköpfig, im unteren Teil kahl, blattlos, mit 1–2 kleinen, schuppenförmigen Hochblättern; Hülle und Stängel unter dem Blütenkopf abstehend schwarz behaart; Laubblätter in grundständiger Rosette; Grundblätter kahl, oval-lanzettlich, buchtig gezähnt bis fiederteilig; Körbe nur mit Zungenblüten (ohne Röhrenblüten); Blüten orangerot, seltener rot oder orangegelb; Pappus gestielt; Pappushaare weiß, weich, biegsam, nicht gefiedert.

Standortansprüche, Verbreitungsschwerpunkt und Reproduktion

Kommt auf Almen häufig und weit verbreitet in der montanen, subalpinen und alpinen Stufe vor (bis ca. 2.900 m); wächst bevorzugt auf frischen, carbonathaltigen oder carbonatfreien, mäßig sauren bis schwach alkalischen, mäßig nährstoffreichen Böden; Nährstoffzeiger; kennzeichnet hochwertige (fruchtbare) Almböden; gute Mahd-, Weide- und Trittverträglichkeit; vermehrt sich generativ mittels Samen und vegetativ durch grundständige Seitentriebe.

Pflanzengesellschaft

Vor allem in Bergfettwiesen (Goldhaferwiese, Rot-Schwingel-Straußgraswiese) und Bergfettweiden (Gold-Pippau-Kammgrasweide, Milchkrautweide).

Beeinflussung

Durch schwache Düngung gefördert.

Futterwert

Hochwertige Futterpflanze.

Besonderheit

Die Diasporen weisen ein hohes Ausbreitungspotenzial auf (Schirmchenflieger). Die Blüten werden gelegentlich zum Färben von Butter und Käse verwendet.

Gewöhnliche Perücken-Flockenblume

Centaurea pseudophrygia

Bestimmungsmerkmale und Wuchsform

Korbblütler; ausdauernd; sommergrün; 20–80 cm hoch; einzeln, in kleinen oder größeren Gruppen wachsend; Stängel aufrecht, im oberen Teil verzweigt, meist mit 2–4 Blütenköpfen; Stängelblätter rauhaarig, meist eiförmig, feingezähnt bis ganzrandig; obere Stängelblätter ungestielt, halbstängelumfassend; Grundblätter gestielt, zur Blütezeit verdorrt; Hüllblatt-Anhängsel schwarzbraun, in eine zurückgebogene, federartig gefranste Spitze verlängert; Blüten purpurrot; Randblüten (Strahlenblüte) stark vergrößert; Pappus kurz.

Standortansprüche, Verbreitungsschwerpunkt und Reproduktion

Kommt auf Almen häufig und weit verbreitet in der montanen und subalpinen Stufe vor (bis ca. 2.000 m); wächst bevorzugt auf frischen, carbonatfreien, mäßig sauren, mäßig nährstoffreichen Böden (Ranker, Braunerde); mäßige Mahdverträglichkeit, geringe Weide- und Trittverträglichkeit; vermehrt sich generativ mittels Samen und vegetativ durch grundständige Seitentriebe.

Pflanzengesellschaft

Vor allem in Goldhaferwiesen und Rot-Schwingel-Straußgraswiesen.

Beeinflussung

Durch Düngung gefördert; erträgt keine intensive Beweidung.

Futterwert

Mittelwertige Futterpflanze.

Wissenswertes

Die stark gefransten Anhängsel der Hüllblätter haben ein perückenartiges Aussehen (daher der Name Perücken-Flockenblume).

Blütenstand der Perücken-Flockenblume

Blütenkopf mit Hüllblatt-Anhängseln

Einkorb-Ferkelkraut
Hypochaeris uniflora

Bestimmungsmerkmale und Wuchsform
Korbblütler; ausdauernd; teilweise wintergrün; 20–50 cm hoch; einzeln wachsend; Stängel einzeln, kräftig, aufrecht, unverzweigt, steifhaarig, einköpfig, unter dem Blütenkopf stark verdickt, mit 1–3 behaarten Stängelblättern; Hülle dicht schwarz behaart; Grundblätter rosettig, dem Boden nicht anliegend, ungestielt, lanzettlich bis schmal-eiförmig, buchtig gezähnt, beiderseits zerstreut rauhaarig, lebhaft grün mit starkem Mittelnerv, ungefleckt; Blütenköpfe besitzen Durchmesser von 4–6 cm; Körbe nur mit gelben Zungenblüten (ohne Röhrenblüten); Pappus langgestielt; Pappushaare gefiedert

Standortansprüche, Verbreitungsschwerpunkt und Reproduktion
Kommt auf Almen in den Zentralalpen in Kärnten, Salzburg, Tirol, Vorarlberg und in der Steiermark häufig und weit verbreitet in der subalpinen und alpinen Stufe vor (bis ca. 2.700 m); wächst bevorzugt auf frischen, carbonatfreien, mäßig sauren, nährstoffarmen Böden (Ranker, Braunerde); Säurezeiger; toleriert Trockenheit; bevorzugt südexponierte Hänge; geringe Mahd-, Weide- und

Einkorb-Ferkelkraut (Hypochaeris uniflora)

Trittverträglichkeit; vermehrt sich generativ mittels Samen und vegetativ durch grundständige Seitentriebe.

Pflanzengesellschaft
Vor allem in Bürstlingsrasen.

Beeinflussung
Durch Düngung (Lichtkonkurrenz) und intensive Beweidung verdrängt.

Futterwert
Mittelwertige Futterpflanze.

Blütenkopf

Fruchtkopf von Einkorb-Ferkelkraut

Besonderheit

Die Diasporen weisen ein hohes Ausbreitungspotenzial auf (Schirmchenflieger). Die jungen Pflanzen werden als Wildkraut verwendet (Salat, Spinat). Das Einkorb-Ferkelkraut ist wegen der großen, gelben Blütenköpfe eine optisch besonders attraktive Pflanze.

Wissenswertes

Der deutsche Gattungsname „Ferkelkraut" ist eine Übersetzung aus dem Griechischen (choiros = Ferkel).

Gebirgs-Schafgarbe

Achillea millefolium ssp. sudetica

Gebirgs-Schafgarbe
(Achillea millefolium ssp. sudetica)

Bestimmungsmerkmale und Wuchsform

Korbblütler; ausdauernd; teilweise wintergrün; 10–40 cm hoch; mit langen Kriechtrieben; in kleinen oder größeren Gruppen wachsend; leicht aromatisch duftend; Stängel aufrecht, markig, längsgefurcht, unverzweigt, behaart, beblättert, am Grund dicker als 2 mm; Stängelblätter sitzend, wechselständig; Laubblätter länglich-lanzettlich, anfangs behaart, später fast kahl, zwei- bis dreifach fiederteilig; Fiederabschnitte bis auf den Mittelnerv geteilt, 0,5–1 mm breit, zugespitzt; Blütenstand mehrköpfig; Hüllblätter meist behaart, dunkelbraun berandet; Zungen- und Röhrenblüten rosa; Zungenblüten meist so breit bis breiter als lang; Kronröhre kürzer als die Zunge; ohne Pappus.

Standortansprüche, Verbreitungsschwerpunkt und Reproduktion

Kommt auf Almen mäßig häufig in der montanen und subalpinen Stufe vor (bis ca. 2.000 m); wächst bevorzugt auf frischen, carbonatfreien oder carbonathaltigen, mäßig sauren, mäßig nährstoffreichen Böden; bevorzugt südexponierte, wärmebegünstigte Hanglagen und sandreiche Böden; toleriert Trockenheit; gute Mahdverträglichkeit, mäßige Weide- und Trittverträglichkeit; vermehrt sich generativ mittels Samen und vegetativ durch unterirdische Ausläufer; Lichtkeimer.

Pflanzengesellschaft

Vor allem in Bergfettwiesen (Goldhaferwiese, Rot-Schwingel-Straußgraswiese) und Bergfettweiden (Gold-Pippau-Kammgrasweide, Milchkrautweide).

Beeinflussung

Durch schwache Düngung gefördert.

Futterwert

Hochwertige Futterpflanze; Blätter vom Almvieh (insbesondere Schafe und Ziegen) gern gefressen; sehr gesundes Viehfutter; Blätter auch von Kaninchen gern gefressen.

Besonderheit

Die Gebirgs-Schafgarbe bildet eine langlebige Diasporenbank im Boden (20–100 Jahre). Die Pflanze kann Kontakt-Dermatitis (Schafgarben-Dermatitis) auslösen. Die Schafgarbe ist eine Arzneipflanze.

Sie wird in der Humanmedizin bei Magen-Darm-Beschwerden und Hautkrankheiten eingesetzt. Sie ist Bestandteil von zahlreichen Teemischungen. Die Schafgarbe ist eine alte Heilpflanze. Der Spruch „Schafgarbe im Leib tut wohl jedem Weib" stammt aus dem Mittelalter und verweist auf die heilende Wirkung von Schafgarbe bei Menstruationsbeschwerden. Sie wird auch in der Volksmedizin, Homöopathie und Tiermedizin vielseitig verwendet. Die Schafgarbe ist eine Färberpflanze (färbt Wolle gelb), Duftpflanze (Schafgarbenöl), Kosmetikpflanze (Haar- und Hautpflegeprodukte), Gewürzpflanze (Kräutersalz, Kräuterbutter) und ein vielseitig verwendbares Wildkraut (Salate, Suppen, Eierspeisen, Fleisch-, Gemüse-, Nudel- und Getreidegerichte).

Die Schafgarbe ist für Tagfalter eine beliebte Nektarquelle und für Wildbienen eine wichtige Pollenquelle. Sie wird in zahlreichen Kultursorten als frostharte Zierpflanze kultiviert.

Wissenswertes

Schafgarbentee sollte nie in Kunststoffflaschen aufbewahrt werden. Der Tee wird dadurch unwirksam, weil Kunststoff die ätherischen Öle der Schafgarbe aufnimmt. In Ställen wurden Knoblauch-Schafgarben-Büschel zum Vertreiben von Fliegen aufgehängt. Pferde werden mit Schafgarbe eingerieben, um sie vor Fliegen zu schützen. Es gibt zahlreiche, schwer bestimmbare Schafgarbe-Arten. Die Gewöhnliche Schafgarbe *(Achillea millefolium)* ist die häufigste Art. Der deutsche Gattungsname „Schafgarbe" leitet sich davon ab, dass Schafe auf der Weide Schafgarbenblätter besonders gern fressen.

Verwechslungsmöglichkeit

Gewöhnliche Schafgarbe *(Achillea millefolium ssp. millefolium)*: 40–70 cm hoch; Hüllblätter grünlich bis hellbraun berandet; Zungen- und Röhrenblüten meist weiß; wächst bevorzugt in Fettwiesen und Fettweiden in der kollinen und montanen Stufe.

Gebirgs-Schafgarbe mit Dukatenfalter (Lycaena virgaureae montanus)

FUTTERPFLANZEN

KRÄUTER

Kümmel

Carum carvi

Bergfettwiese mit hohem Anteil an Kümmel (Carum carvi)

Bestimmungsmerkmale und Wuchsform

Doldenblütler; meist zweijährig; teilweise wintergrün; 30–100 cm hoch; einzeln wachsend; mit tiefreichender Pfahlwurzel; Stängel mehrfach verzweigt, kahl, kantig-gerieft; Laubblätter kahl, wechselständig, zwei- bis dreifach gefiedert mit linealischen, höchstens 1 mm breiten Abschnitten; „Kümmelkreuz"; Dolden mit 8–16 Strahlen; Hülle und Hüllchen fehlen meist; Blüten klein, weiß oder rötlich; fünf Kronblätter, fünf Staubblätter, zwei Griffel; Frucht mit typischen Kümmelgeruch und -geschmack

Standortansprüche, Verbreitungsschwerpunkt und Reproduktion

Kommt auf Almen häufig und weit verbreitet in der montanen und subalpinen Stufe vor (bis ca. 2.000 m); wächst bevorzugt auf frischen, nährstoffreichen, mäßig sauren Böden; Nährstoffzeiger, kennzeichnet hochwertige (fruchtbare) Almböden; gute Mahd-, Weide- und Trittverträglichkeit; vermehrt sich generativ mittels Samen; keine vegetativen Ausbreitungsorgane.

Pflanzengesellschaft

Vor allem in Goldhaferwiesen und Gold-Pippau-Kammgrasweiden, um Almhütten und Viehställe.

Beeinflussung

Durch Düngung und Lücken in der Grasnarbe gefördert; Regulierungsmaßnahmen bei zu hoher Individuenzahl im Pflanzenbestand: Verhinderung der Diasporenausbreitung durch Nachmahd der Blütenstände und Abfuhr des Mähguts, Schaffung einer dichten, geschlossenen Grasnarbe (Nachsaat, standortangepasstes Saatgut verwenden).

Futterwert

Hochwertige Futterpflanze; verbessert im jungen Zustand bei geringem Ertragsanteil die Schmackhaftigkeit des Futters; von Pferden auf der Weide ungern gefressen.

Besonderheit

Kümmel ist der einzige tritt- und weideresistente Doldenblütler im Dauergrünland. Als zweijährige Pflanze ist er auf offene Bodenstellen (Vegetationslücken) zum Keimen angewiesen (Lichtkeimer). Im ersten Jahr bildet Kümmel nur eine Blattrosette, im zweiten Jahr erscheint die Doldenblüte. Im Boden bleiben die Samen 2–3 Jahre keimfähig. Kümmel

Blütenstand mit Früchten

Blüte

ist eine Arzneipflanze. Er wird vor allem bei Verdauungsstörungen wie Blähungen und Völlegefühl, bei Beschwerden im Magen-Darm-Bereich sowie bei Appetitlosigkeit eingesetzt. Feuchte Umschläge mit zerstoßenen Kümmelfrüchten helfen gegen Kopfschmerzen. Kümmelfrüchte sind ein uraltes Gewürz. Kümmel wird als Wildkraut sowie zur Herstellung von Schnaps und Likör verwendet. Kümmelöl ist Bestandteil einiger homöopathischer und anthroposophischer Arzneimittel. Auch in der Tiermedizin wird Kümmel vielseitig genutzt (Verdauungsstörungen, Magen-Darm-Krämpfe, Atemwegserkrankungen, Insektenabwehr, Rheuma).

Laubblatt mit „Kümmelkreuz“

Wissenswertes

Arten mit einer kurzzeitigen Diasporenbank im Boden sind auf eine ständige Nachlieferung von Diasporen angewiesen.

Verwechslungsmöglichkeit

Gewöhnliche Schafgarbe *(Achillea millefolium)*: Korbblütler, außen mit Zungenblüten, innen mit Röhrenblüten; ohne „Kümmelkreuz“; zerriebene Blätter riechen schwach aromatisch.
Alpen-Mutterwurz *(Mutellina adonidifolia)*: Stängelgrund mit dichtem Faserschopf; zerriebene Blätter riechen stark aromatisch; Verbreitungsschwerpunkt in der subalpinen und alpinen Stufe.

Rote Groß-Bibernelle

Pimpinella major var. rubra

Rostseggenrasen mit Roter Groß-Bibernelle (**Pimpinella major var. rubra**)

Bestimmungsmerkmale und Wuchsform

Doldenblütler; ausdauernd; sommergrün; 30–80 cm hoch; mit Pfahlwurzel (riecht unangenehm); einzeln oder in kleinen Gruppen wachsend; Stängel aufrecht, kantig gefurcht, hohl, meist kahl, beblättert; Stängelblätter wechselständig; grundständige Laubblätter gestielt; Laubblätter unpaarig gefiedert, mit 1–4 Fiederpaaren, beiderseits meist kahl, dunkelgrün glänzend; Blättchen eiförmig bis oval, tief gesägt, mit Stachelspitze; die unteren Blättchen kurzgestielt, die oberen sitzend; Endblättchen dreilappig; Hüllblätter und Hüllchenblätter fehlen; Dolden vor dem Aufblühen nickend, mit 10–15 Strahlen; Blüten zahlreich, mit fünf purpurrosanen Kronblättern; Kelchblätter fehlen.

Standortansprüche, Verbreitungsschwerpunkt und Reproduktion

Kommt auf Almen mäßig häufig in der montanen und subalpinen Stufe vor (bis ca. 2.200 m); wächst bevorzugt auf frischen, carbonatfreien oder carbonathaltigen, mäßig sauren, mäßig nährstoffreichen Böden; Nährstoffzeiger; Tiefwurzler; mäßige Mahdverträglichkeit, geringe Weide- und Trittverträglichkeit; vermehrt sich generativ mittels Samen und vegetativ durch grundständige Seitentriebe; Lichtkeimer.

Pflanzengesellschaft

Vor allem in Hochstaudenfluren und Rostseggenrasen; auch in Bergfettwiesen (Goldhaferwiese, Rot-Schwingel-Straußgraswiese) und extensiv genutzten Gold-Pippau-Kammgrasweiden.

Beeinflussung

Durch Düngung gefördert; erträgt keine intensive Beweidung.

Futterwert

Hochwertige Futterpflanze; Blätter wertvoll, Stängel geringwertig.

Blütenstand

Besonderheit

Die Groß-Bibernelle bildet eine kurzzeitige Diasporenbank im Boden (1–5 Jahre). Sie ist eine Volksarzneipflanze. Die Bibernellwurzel wird vor allem gegen Erkrankungen der Atemwege (Husten, Schnupfen, Heiserkeit, Halsentzündung, Bronchitis) eingesetzt (Tee, Husten- und Gurgelmittel). Sie dient zur Herstellung von Bitterschnäpsen und ist Bestandteil einiger Mundpflegemittel. Die Groß-Bibernelle wird auch in der Homöopathie verwendet. Die jungen Blätter können als Gewürz (Kräutersalz) und als Wildkraut (Suppen, Salate, Eierspeisen, Gemüse-, Fleisch-, Nudel- und Getreidegerichte) genutzt werden.

Grundständiges Laubblatt der Roten Groß-Bibernelle

Wissenswertes

Bei allen Bibernellen-Arten sind die Dolden vor dem Aufblühen nickend. Der Pflanzensaft kann Hautentzündungen (Dermatitis) hervorrufen. Für die Aufbewahrung der getrockneten Wurzeln dürfen keine Kunststoffgefäße verwendet werden.

Verwechslungsmöglichkeit

Groß-Bibernelle *(Pimpinella major var. major)*: Blüten weiß; wächst vor allem in Talfettwiesen. Klein-Bibernelle *(Pimpinella saxifraga)*: Stängel rund, fein gerillt; alle Blättchen sitzend. Alpen-Bibernelle *(Pimpinella alpina)*: Stängel kantig, gerillt; Dolden mit 6–12 Strahlen; alle Blättchen sitzend; kommt in Niederösterreich und in der Steiermark vor.

Bergwiesen-Bärenklau

Heracleum sphondylium ssp. elegans

Bergwiesen-Bärenklau (Heracleum sphondylium ssp. elegans)

Bestimmungsmerkmale und Wuchsform

Doldenblütler; ausdauernd; sommergrün; 100–200 cm hoch; einzeln, in kleinen oder größeren Gruppen wachsend; mit kräftiger Pfahlwurzel; Stängel hohl, kantig, stark gefurcht, steifhaarig; Grundblätter groß, tief dreilappig, Mittellappen viel größer als Seitenlappen; Stängelblätter dreizählig, mit bauchig-aufgeblasener Blattscheide; Laubblätter unregelmäßig gesägt, oberseits meist kahl, unterseits auf den Nerven flaumhaarig; zahlreiche kleine, weiße Blüten in endständiger Dolde; Dolde mit 15–20 Strahlen; Doldenstrahlen und Blütenstiele weichhaarig; Hüllblätter fehlen oft; Hüllchenblätter zahlreich, dicht behaart; äußere Kronblätter der Randblüten stark vergrößert und bis zur Hälfte oder tiefer eingeschnitten; Frucht breit geflügelt.

Standortansprüche, Verbreitungsschwerpunkt und Reproduktion

Kommt auf Almen in der montanen und subalpinen Stufe gebietsweise häufig vor (bis ca. 2.100 m); wächst bevorzugt auf frischen, mäßig sauren, nährstoffreichen Böden; Nährstoffzeiger, kennzeichnet hochwertige (fruchtbare) Almböden; toleriert Trockenheit (Tiefwurzler); gute Mahdverträglichkeit, geringe Weide- und Trittverträglichkeit; vermehrt sich meist generativ mittels Samen, selten vegetativ durch grundständige Seitentriebe.

Pflanzengesellschaft

Vor allem in Hochstaudenfluren, Goldhaferwiesen und Rostseggenrasen.

Beeinflussung

Durch Düngung gefördert; erträgt keine intensive Beweidung.

Futterwert

Hochwertige Futterpflanze; hohe Bröckelverluste bei der Heuwerbung und lange Trocknungsdauer der Stängel.

Grundblatt

Blüte von Bergwiesen-Bärenklau

Besonderheit

Bärenklau gehört zu den Flügelfliegern. Die geflügelten Diasporen werden vom Wind ausgebreitet (Nah- und Fernausbreitung). Nach Berührung der Bärenklaupflanze können unangenehme Rötungen und Schwellungen der Haut auftreten (Kontakt-Dermatitis). Junge Blätter und Sprosse werden als Wildkraut (Salat, Spinat, Eierspeisen) und als Gewürz (z. B. für Kräuterkäse) verwendet. Die Blüten werden von zahlreichen kurzrüsseligen Insekten besucht (wichtige Insektenpflanze). Der Bärenklau ist eine gute Bienenfutterpflanze, eine bedeutende Raupenfutterpflanze für mehrere Schmetterlingsarten und ein beliebtes Hasenfutter. In der Homöopathie wird Bärenklau bei Verdauungs- und Hautproblemen angewendet.

Wissenswertes

Der lateinische Gattungsname *„Heracleum“* wurde abgeleitet vom griechischen Helden Herakles oder Herkules wegen dem kräftigen Wuchs der Pflanze. Der deutsche Name „Bärenklau“ bezieht sich auf die großen, an Bärentatzen erinnernden Blätter. Nährstoffzeiger sind meist rasch- und hochwüchsige Pflanzen. Sie können nur auf nährstoffreichen Böden wach sen (hoher Nährstoffbedarf).

Verwechslungsmöglichkeit

Wiesen-Bärenklau *(Heracleum sphondylium ssp. sphondylium)*: Grundblätter 5-zählig gefiedert; wächst bevorzugt in Fettwiesen in der kollinen und montanen Stufe.

Alpen-Mutterwurz
Mutellina adonidifolia

Bestimmungsmerkmale und Wuchsform
Doldenblütler; ausdauernd; wintergrün; 10–30 cm hoch; einzeln oder in kleinen Gruppen wachsend; Stängel aufrecht, kahl, stark gerillt, meist mit 1-2 kleinen Laubblättern und 2-3 Dolden, am Grund mit dichtem Faserschopf; grundständige Laubblätter kahl, langgestielt, im Umriss dreieckig, zwei- bis dreifach gefiedert, mit linealisch-lanzettlichen Blattzipfeln; Endzipfel mit grannenartiger, oft roter Spitze; zerriebene Laubblätter riechen stark würzig-aromatisch; Dolde 10–15-strahlig; Hüllblätter fehlen meist; Hüllchenblätter zahlreich, schmal-lanzettlich, hautrandig, etwa so lang wie die Blütenstiele; Blüten weiß oder purpurrosa; Frucht eiförmig, 4–6 mm lang, bis 3 mm breit, bräunlich, kahl, mit hellen Längsrippen.

Alpen-Mutterwurz (Mutellina adonidifolia)

Standortansprüche, Verbreitungsschwerpunkt und Reproduktion
Kommt auf Almen mäßig häufig und weit verbreitet in der subalpinen und alpinen Stufe vor (bis ca. 2800 m); wächst bevorzugt auf frischen, carbonatfreien oder carbonathaltigen, schwach bis mäßig sauren, mäßig nährstoffreichen Böden; toleriert lange Schneebedeckung (kurze Vegetationszeit); gute Mahd-, Weide- und Trittverträglichkeit; vermehrt sich generativ mittels Samen und vegetativ durch grundständige Seitentriebe und Wurzelsprosse.

Pflanzengesellschaft
Vor allem in Milchkrautweiden und Rostseggenrasen; vereinzelt auch in Goldhaferwiesen, Hochstaudenfluren, Bürstlingsrasen und Schneetälchen.

Beeinflussung
Durch schwache Düngung gefördert.

Futterwert
Hochwertige Futterpflanze; besonders im jungen Zustand wegen ihres aromatischen Duftes vom Almvieh gern gefressen.

Blütenstände

Verwechslungsmöglichkeit

Zwergmutterwurz (*Pachypleurum mutellinoides*): 3–15 cm hoch; Stängelgrund mit braunen, häutigen Laubblattresten, ohne Faserschopf; Hüllblätter 5–10; wächst bevorzugt in Polsterseggenrasen und Krummseggenrasen in der alpinen Stufe; häufig auf windexponierten Standorten.

Laubblatt der Alpen-Mutterwurz

Besonderheit

Die Alpen-Mutterwurz ist eine Arzneipflanze. Getrocknete Blätter werden für Tee verwendet (hilft gegen Verdauungsprobleme). Frische Blätter werden als Küchenkraut (ähnlich wie Petersilie) und zum Würzen von Käse genutzt. Der Extrakt der Wurzel ist Bestandteil von Kräuterlikören und -schnäpsen.

Scheuchzer-Glockenblume
Campanula scheuchzeri

Scheuchzer-Glockenblume (Campanula scheuchzeri)

Blütenstand

Bestimmungsmerkmale und Wuchsform
Glockenblumengewächs; ausdauernd; wintergrün; 10–40 cm hoch; einzeln oder in kleinen Gruppen wachsend; Stängel aufrecht oder bogenförmig aufsteigend, unten an den Kanten meist kurzhaarig; Stängelblätter sitzend, lanzettlich bis linealisch, meist ganzrandig, am Grund deutlich bewimpert; Grundblätter langgestielt, rundlich-nierenförmig, gekerbt, zur Blütezeit meist vertrocknet; Blüten einzeln, endständig oder in zwei- bis fünfblütiger Traube, aufrecht oder nickend; Blütenknospen nickend; Kelch ohne Anhängsel; Blüten blauviolett, selten weiß (Albino).

Standortansprüche, Verbreitungsschwerpunkt und Reproduktion
Kommt auf Almen häufig und weit verbreitet in der subalpinen und alpinen Stufe vor (bis ca. 3.000 m); wächst bevorzugt auf frischen, carbonathaltigen oder carbonatfreien, mäßig sauren bis schwach alkalischen, nährstoffarmen bis mäßig nährstoffreichen Böden; mäßige Mahd-, Weide- und Trittverträglichkeit; vermehrt sich generativ mittels Samen und vegetativ durch unterirdische Ausläufer und grundständige Seitentriebe.

Pflanzengesellschaft
Vor allem in Bürstlingsrasen, Blaugras-Horstseggenrasen und Rostseggenrasen; vereinzelt auch in Goldhaferwiesen, Gold-Pippau-Kammgrasweiden und Milchkrautweiden.

Beeinflussung
Durch schwache Düngung eher gefördert.

Futterwert
Hochwertige Futterpflanze.

Besonderheit
Die Scheuchzer-Glockenblume stellt keine besonderen Ansprüche an den pH-Wert und Carbonatgehalt im Boden. Sie kommt daher sowohl in Kalk-Magerrasen als auch in Silikat-Magerrasen vor.

Verwechslungsmöglichkeit
Rundblatt-Glockenblume *(Campanula rotundifolia)*: Stängelblätter am Grund nicht bewimpert; Stängel unten meist ringsum behaart; wächst bevorzugt in Magerrasen in der kollinen und montanen Stufe.

Bart-Glockenblume

Campanula barbata

Bart-Glockenblume (Campanula barbata)

Bestimmungsmerkmale und Wuchsform

Glockenblumengewächs; ausdauernd; wintergrün; 10–40 cm hoch; einzeln wachsend; Stängel aufrecht, unverzweigt, rauhaarig; Stängelblätter kürzer als die Grundblätter; Grundblätter rosettig, ungestielt, lanzettlich bis länglich-eiförmig, ganzrandig oder seicht gezähnt, beiderseits rauhaarig, auf der Unterseite deutliche Seitennerven; Blüten kurz gestielt, nickend, in einseitswendiger, 2–12-blütiger Traube; Kelchzipfel rauhaarig, zwischen den Zipfeln ein zurückgeschlagenes Anhängsel; Blüte glockenförmig, am Grund bauchig erweitert, außen den Nerven entlang behaart, meist hellblau, selten violettblau oder weiß (Albino); fünf Kronzipfel, innen kraushaarig.

Standortansprüche, Verbreitungsschwerpunkt und Reproduktion

Kommt auf Almen häufig und weit verbreitet in der montanen, subalpinen und unteralpinen Stufe vor (bis ca. 2.300 m); wächst bevorzugt auf frischen, carbonatfreien, mäßig bis stark sauren, nährstoffarmen Boden (Ranker, Braunerde); Säurezeiger; geringe Mahd-, Weide- und Trittverträglichkeit; vermehrt sich generativ mittels Samen und vegetativ durch unterirdische Ausläufer und grundständige Seitentriebe.

Pflanzengesellschaft

Vor allem in Bürstlingsrasen.

Beeinflussung

Durch Düngung verdrängt (Lichtkonkurrenz).

Futterwert

Hochwertige Futterpflanze.

Besonderheit

Die Blüte dient als Herberge (Kälteschutz) für kleine Insekten.

Wissenswertes

Die Bart-Glockenblume verdankt ihren Namen den zottig behaarten, glockenförmigen Blüten. Albinos heißen in Kärnten „Mähderkraut" und gelten auf dem Hut der Mähder als Zeichen besonderer Tüchtigkeit.

Gold-Fingerkraut
Potentilla aurea

Gold-Fingerkraut (Potentilla aurea)

Bestimmungsmerkmale und Wuchsform
Rosengewächs; ausdauernd; teilweise wintergrün; 5–30 cm hoch; einzeln oder in kleinen Gruppen wachsend; Stängel anliegend behaart, in der oberen Hälfte verzweigt, 1–5-blütig; Grundblätter langgestielt, fünfzählig gefingert; Blättchen beiderseits grün, oberseits kahl, unterseits nur auf den Nerven zerstreut behaart; Blattunterseite mit deutlich sichtbarem, engmaschigen Nervennetz; Blättchen gegen die Spitze hin jederseits mit 2–4 spitzen, nach vorn gerichteten Zähnen, Endzahn meist deutlich kleiner als die übrigen Zähne; Blattrand silbrig glänzend und anliegend behaart; Blattstiel anliegend behaart; Blüten groß (bis 2 cm im Durchmesser), goldgelb, am Grund oft mit dunkelgelbem bis orangem Fleck, fünf Kronblätter.

Standortansprüche, Verbreitungsschwerpunkt und Reproduktion
Kommt auf Almen häufig und weit verbreitet in der subalpinen und alpinen Stufe vor (bis ca. 3.000 m); wächst bevorzugt auf frischen, carbonatfreien, mäßig bis stark sauren, nährstoffarmen Böden (Ranker, Braunerde); Säurezeiger; mäßige Mahd-, Weide- und Trittverträglichkeit; vermehrt sich generativ mittels Samen und vegetativ durch grundständige Seitentriebe.

Pflanzengesellschaft
Vor allem in Bürstlingsrasen und Krummseggenrasen.

Beeinflussung
Durch Düngung verdrängt (Lichtkonkurrenz).

Futterwert
Hochwertige Futterpflanze.

Besonderheit
Das Gold-Fingerkraut ist eine Volksarzneipflanze. Sie wird zur Behandlung des Diabetes mellitus (Zuckerstoffwechselerkrankung) empfohlen. Der Tee wird gegen Durchfall und das Gurgelwasser bei Halsentzündung und Zahnfleischbluten verwendet.

Blüte

Verwechslungsmöglichkeit

Zottiges Fingerkraut *(Potentilla crantzii)*: Laubblätter unterseits und Blattstiel abstehend zottig behaart; Endzahn gleich groß wie die übrigen Zähne; wächst auf carbonathaltigen Böden (Rendzina, Pararendzina) vor allem in Kalk-Magerrasen in der subalpinen und alpinen Stufe; Kalkzeiger.

Grundblatt von Gold-Fingerkraut

Frauenmantel
Alchemilla

Frauenmantel (Alchemilla): Grundblätter und rispige Blütenstände

Bestimmungsmerkmale und Wuchsform

Rosengewächs; ausdauernd; sommergrün; 5–40 cm hoch; einzeln, in kleinen Gruppen oder in großen Herden wachsend; Laubblätter in grundständiger Rosette, gestielt, rundlich-nierenförmig, etwas gefaltet, unterschiedlich tief gelappt, gleichmäßig gezähnt oder gesägt; Grundblätter und Stängelblätter mit großen Nebenblättern; zahlreiche kleine, unscheinbare, gelbgrüne Blüten am Stängelende.

Standortansprüche, Verbreitungsschwerpunkt und Reproduktion

Kommt auf Almen häufig und weit verbreitet in der montanen, subalpinen und alpinen Stufe vor (bis ca. 2.800 m); wächst je nach Art bevorzugt auf frischen oder feuchten, carbonatfreien oder carbonathaltigen, sauren oder schwach alkalischen, nährstoffarmen oder nährstoffreichen Böden; Lichtkeimer; gute Mahdverträglichkeit, mäßige Weide- und Trittverträglichkeit; vermehrt sich generativ mittels Samen und vegetativ durch grundständige Seitentriebe.

Pflanzengesellschaft

Vor allem in Bergfettwiesen (Goldhaferwiese, Rot-Schwingel-Straußgraswiese) und Bergfettweiden (Gold-Pippau-Kammgrasweide, Milchkrautweide); auch in Magerwiesen, Magerweiden, Lägerfluren, Hochstaudenfluren und Quellfluren; erreicht oft einen hohen Deckungsgrad im Almanger (fest umzäunte Fläche in Hütten- oder Stallnähe).

Beeinflussung

Durch Düngung gefördert; kann Platzräuber werden; zeigt bei hohem Deckungsgrad im Pflanzenbestand einen überdüngten Almboden an; Regulierungsmaßnahme: weniger und/oder in größeren Zeitabständen düngen.

Futterwert

Hochwertige Futterpflanze.

Besonderheit

Frauenmantel scheidet am Blattrand insbesondere in schwülen Nächten kleine Wassertröpfchen aus, damit der Transport von Mineralstoffen aus den Wurzeln in die Blätter gewährleistet bleibt. Dabei handelt es sich nicht um Tautropfen, sondern um eine aktive Wasserabgabe durch „Wasserspalten" (Guttation). Die Alchemisten des Mittelalters sammelten diese Tropfen und schrieben ihnen besondere Heilkräfte zu (daher der Name *Alchemilla*). Frauenmantel gehört zu den Flügelfliegern. Die geflügelten Früchte werden mit dem Wind ausgebreitet (Nah- und Fernausbreitung). Frauenmantel ist eine Volksarzneipflanze und ein Wildkraut. Sie wird bei Menstruationsbeschwerden, Durchfallerkrankungen, Magen-Darm-Beschwerden, Entzündungen im Mund- und Rachenraum, bei Ekzemen, Hautausschlägen und Geschwüren sowie zur Straffung der Haut verwendet. Blätter und Blüten eignen sich als aromatische Zutat für Wildkräutersalate und als Würzmittel für Kräutersuppen.

Wissenswertes

Es gibt zahlreiche, schwer bestimmbare Frauenmantel-Arten. Häufig wachsen zwei oder mehrere Arten eng nebeneinander. Der Bergwiesen-Frauenmantel *(Alchemilla monticola)* ist die häufigste Art in Fettwiesen und Fettweiden. Frauenmantel ist eine alte Kult- bzw. Zauberpflanze. Sie soll gegen das Verwünschen vom Vieh wirksam sein.

Frauenmantelblatt mit Guttationstropfen

Berg-Sauerampfer
Rumex alpestris

FUTTERPFLANZEN

KRÄUTER

Bestimmungsmerkmale und Wuchsform
Knöterichgewächs; ausdauernd; sommergrün; 30–100 cm hoch; einzeln, in kleinen oder größeren Gruppen wachsend; Stängel aufrecht, unverzweigt; obere Stängelblätter ungestielt, pfeilförmig, stängelumfassend; Grundblätter langgestielt, ein- bis zweimal so lang wie breit, am Grund spießförmig; junge Laubblätter schmecken sauer; Blattscheide ganzrandig; Blütenstand mit zahlreichen Seitenästen; viele kleine, rote Blüten.

Standortansprüche, Verbreitungsschwerpunkt und Reproduktion
Kommt auf Almen häufig und weit verbreitet in der montanen, subalpinen und unteralpinen Stufe vor (bis ca. 2.300 m); wächst bevorzugt auf frischen, carbonatfreien, mäßig sauren, nährstoffreichen Böden; Nährstoffzeiger; Lichtkeimer; gute Mahdverträglichkeit, geringe Weide- und Trittverträglichkeit; vermehrt sich generativ mittels Samen und vegetativ durch grundständige Seitentriebe.

Pflanzengesellschaft
Vor allem in Bergfettwiesen (Goldhaferwiese, Rot-Schwingel-Straußgraswiese) und Lägerfluren; auch in Hochstaudenfluren, Rostseggenrasen und im Grün-Erlen-Gebüsch.

Beeinflussung
Durch Düngung und Vegetationslücken (offene Bodenstellen) gefördert; erträgt

Berg-Sauerampfer (Rumex alpestris)

keine intensive Beweidung. Regulierungsmaßnahmen bei zu hoher Individuenzahl im Pflanzenbestand: weniger und/oder in größeren Zeitabständen düngen, intensive Beweidung, Nachsaat (Schaffung einer dichten, geschlossenen Grasnarbe).

Futterwert
Hochwertige Futterpflanze; größere Mengen im Futter (über 5 %) können die Gesundheit der Tiere belasten (hoher Gehalt an Oxalsäure in den Laubblättern).

Besonderheit
Die Früchte des Berg-Sauerampfers werden mit dem Wind als Drehflieger ausgebreitet (Nah- und Fernausbreitung). Berg-Sauerampfer kann bei starker Düngung einen hohen

Grundblatt

Verwechslungsmöglichkeit

Wiesen-Sauerampfer *(Rumex acetosa)*: Grundblätter zwei- bis viermal so lang wie breit; Blattscheide fransig zerschlitzt oder gezähnt; wächst bevorzugt in Fettwiesen in der kollinen und montanen Stufe.

Deckungsgrad im Pflanzenbestand erreichen. Bergfettwiesen bekommen dadurch während der Blütezeit des Ampfers eine rotbraune Farbe. Berg-Sauerampfer wird als Wildkraut verwendet (Spinat, Suppengewürz). Die jungen Blätter sind reich an Vitamin C. Vom Verzehr größerer Mengen wird wegen des hohen Gehalts an Oxalsäure abgeraten, weil dadurch ein Calciummangel entstehen kann und die Bildung von Nierensteinen gefördert wird.

Wissenswertes

Für den sauren Geschmack der jungen Blätter ist die Oxalsäure verantwortlich.

Blütenstand

Große Brennnessel
Urtica dioica

Große Brennnessel (Urtica dioica)

Bestimmungsmerkmale und Wuchsform
Brennnesselgewächs; ausdauernd; sommergrün; 30–150 cm hoch; mit langen, unterirdischen Ausläufern; in Gruppen oder großen Herden wachsend; Stängel aufrecht, unverzweigt, vierkantig; Laubblätter gestielt, gegenständig, 4–15 cm lang, eiförmig, am Grund herzförmig; Blattrand grob gesägt; Endzahn länger als die seitlichen Zähne; Blütenstände länger als die Blattstiele; Stängel, Laubblätter und Blattstiele mit Brennhaaren und zahlreichen einfachen (kürzeren) Haaren; männliche Pflanzen mit abstehenden Blütenständen, weibliche Pflanzen mit hängenden Blütenständen.

Standortansprüche, Verbreitungsschwerpunkt und Reproduktion
Kommt auf Almen häufig und weit verbreitet in der montanen, subalpinen und unteralpinen Stufe vor (bis ca. 2.300 m); wächst bevorzugt auf frischen, carbonatfreien oder carbonathaltigen, mäßig sauren bis schwach alkalischen, nährstoffreichen (nitratstickstoffreichen) Böden; Stickstoffzeiger; Halbschattenpflanze (toleriert mäßige Beschattung); geringe Mahd- und Trittverträglichkeit, gute Weideverträglichkeit; vermehrt sich generativ mittels Samen und vegetativ durch unterirdische Ausläufer.

Pflanzengesellschaft
Vor allem in Lägerfluren.

Beeinflussung
Durch Düngung gefördert; kann durch mehrmalige Mahd pro Jahr zurückgedrängt werden.

Futterwert
Auf der Almweide vom Vieh verschmäht; getrocknete, junge Brennnesseln sind in geringen Mengen (bis zu 10 % der Tagesration) als Futter wertvoll.

Besonderheit
Die Große Brennnessel ist eine zweihäusige Pflanze. Männliche und weibliche Blüten befinden sich auf verschiedenen Pflanzen. Ihre Brennhaare wirken wie eine Miniaturspritze. Sie besitzen an ihrer Spitze ein Köpfchen. Wird dieses Köpfchen durch Berührung abgebrochen, bohrt sich das Haar in die Haut und injiziert eine Brennflüssigkeit. Bei kräftigem Zugriff brennt die Pflanze nicht, da dann die Brennhaare umgebogen werden oder ihre Spitzen

Laubblätter

abbrechen. Die Große Brennnessel kann auf Almweiden zu einem „Platzräuber" werden. Sie verdrängt bei hohem Deckungsgrad im Pflanzenbestand wertvolle Almfutterpflanzen durch Beschattung. Die Große Brennnessel bildet eine langlebige Diasporenbank im Boden (20–100 Jahre). Sie gehört zu den Flügelfliegern.

Große Brennnessel: männliche Pflanze (li), weibliche Pflanze (re)

Die geflügelten Früchte werden mit dem Wind ausgebreitet. Die Große Brennnessel ist ein bedeutender Heuschnupfenerreger und eine wichtige Futterpflanze für die Raupen von etwa 40 Schmetterlingsarten. Sie ist ein bedeutendes Wildkraut (z. B. Spinat, Pesto) und eine wichtige Volksarzneipflanze. Die Pflanze wird bei Harnwegs- und Prostatabeschwerden, Hauterkrankungen, Gallenwegserkrankungen, vorbeugend bei Nierengrieß, bei rheumatischen Beschwerden und Haarausfall verwendet. Sie wird auch als Ersatzfaserpflanze, in der Kosmetikindustrie (Shampoos) sowie als biologisches Schädlingsbekämpfungs- und Düngemittel (Brennnesseljauche) genutzt.

Wissenswertes

In der Geflügelhaltung mischte man früher die Brennnesselfrüchte dem Futter unter, um die Legeleistung zu verbessern. Die Blätter und Früchte sollen bei Tieren einen schönen Fellglanz bewirken. Pflanzen mit langen unterirdischen Ausläufern oder Rhizomen treten meist in Gruppen oder in großen Herden auf.

Verwechslungsmöglichkeit

Kleine Brennnessel *(Urtica urens)*: Pflanze einjährig; Blütenstände kürzer als die Blattstiele, Laubblätter 1–4 cm lang, rundlich-eiförmig bis breit-elliptisch, am Grund abgerundet bis keilig; Endzahn nicht länger als die seitlichen Zähne; kommt auf Almen um Almhütten und Viehställe vor.
Weiße Taubnessel *(Lamium album)*: Laubblätter ohne Brennhaare.

Aufgeblasenes Leimkraut

Silene vulgaris ssp. vulgaris

Aufgeblasenes Leimkraut
(Silene vulgaris ssp. vulgaris)

Bestimmungsmerkmale und Wuchsform

Nelkengewächs; ausdauernd; sommergrün; 20–50 cm hoch; einzeln, in kleinen oder größeren Gruppen wachsend; Pflanze meist kahl, nicht klebrig, bläulich-grün; Stängel aufsteigend bis aufrecht, oben meist verzweigt; Laubblätter gegenständig, eiförmig bis lanzettlich, mit kräftigem Mittelnerv; Grundblätter 1,5–4 cm lang und 0,5–1,2 cm breit; Kelch 8–25 mm lang, deutlich aufgeblasen, 20-nervig, stark netzadrig; endständiger Blütenstand mit 3–20 aufrechten bis leicht nickenden, weißen Blüten; Kronblätter vorne tief eingeschnitten.

Standortansprüche, Verbreitungsschwerpunkt und Reproduktion

Kommt auf Almen häufig und weit verbreitet in der montanen, subalpinen und unteralpinen Stufe vor (bis ca. 2.300 m); wächst bevorzugt auf frischen, carbonatfreien oder carbonathaltigen, mäßig sauren bis schwach alkalischen, nährstoffarmen bis mäßig nährstoffreichen Böden; toleriert Trockenheit; mäßige Mahdverträglichkeit, geringe Weide- und Trittverträglichkeit; vermehrt sich generativ mittels Samen und vegetativ durch grundständige Seitentriebe und Wurzelsprosse.

Pflanzengesellschaft

Vor allem in Magerwiesen und Magerweiden; auch in Goldhaferwiesen und Hochstaudenfluren.

Beeinflussung

Durch Vegetationslücken (offene Bodenstellen) gefördert (Pionierpflanze); erträgt keine intensive Beweidung.

Futterwert

Hochwertige Futterpflanze; wird auch von Wildtieren (insbesondere Gämsen) gern gefressen.

Hummeln beißen ein Loch in den Kelch.

Wissenswertes

Der aufgeblasene Kelch wird von Kindern zu Knalleffekten verwendet (Klatschnelke).

Verwechslungsmöglichkeit

Schutt-Leimkraut, Alpen-Klatschnelke *(Silene vulgaris ssp. glareosa)*: Stängel niederliegend bis aufsteigend; Grundblätter 1–1,5 cm lang und 0,3–0,5 cm breit; wächst in Kalkschutt-Gesellschaften; Kalkzeiger; Schuttpflanze (Schuttüberkriecher).

Besonderheit

Das Aufgeblasene Leimkraut bildet eine mittellebige Diasporenbank im Boden (5–20 Jahre). Die Blüten verströmen in der Nacht einen kleeartigen Duft, um Insekten anzulocken. An den Nektar kommen nur langrüsselige Bienen und Nachtfalter. Hummeln beißen ein Loch in den Kelch, um an den Nektar zu gelangen. Das Aufgeblasene Leimkraut ist ein Wildkraut (Salat, Spinat). Es eignet sich als frostharte Zierpflanze in Steingärten.

Blütenstand von Aufgeblasenem Leimkraut

Grasblättrige Teufelskralle

Phyteuma hemisphaericum

Bestimmungsmerkmale und Wuchsform

Glockenblumengewächs; ausdauernd; teilweise wintergrün; 5–30 cm hoch; einzeln oder in kleinen Gruppen wachsend; Stängel aufrecht oder bogenförmig aufsteigend; Grundblätter 1–2 mm breit, linealisch (grasartig), meist ganzrandig, kahl; Stängelblätter lanzettlich, meist ganzrandig, kürzer als die Grundblätter; Blüten dunkelblau, sehr selten weißlich, vor dem Aufblühen deutlich nach innen gebogen; Blütenkopf endständig, kugelig; äußere Hüllblätter am Grund 3–6 mm breit, zugespitzt, zwei- bis viermal so lang wie breit, meist ganzrandig.

Standortansprüche, Verbreitungsschwerpunkt und Reproduktion

Kommt auf Almen in Kärnten, Salzburg, Tirol, Vorarlberg und in der Steiermark häufig und weit verbreitet in der subalpinen und alpinen Stufe vor (bis ca. 3.100 m); wächst bevorzugt auf frischen, carbonatfreien, mäßig bis sehr stark sauren Böden (Ranker, Braunerde); Säurezeiger; geringe Mahd-, Weide- und Trittverträglichkeit; vermehrt sich generativ mittels Samen und vegetativ durch grundständige Seitentriebe.

Pflanzengesellschaft

Vor allem in Bürstlingsrasen und Krummseggenrasen.

Beeinflussung

Durch Düngung verdrängt (Lichtkonkurrenz).

Futterwert

Hochwertige Futterpflanze.

Wissenswertes

Die Teufelskralle verdankt ihren Namen den krallenartig gebogenen Einzelblüten mit Griffel.

Grundständige Laubblätter der Grasblättrigen Teufelskralle (Phyteuma hemisphaericum)

Blütenkopf

Zeigerpflanzen

WAS SIND ZEIGERPFLANZEN?

Zeigerpflanzen sind Bioindikatoren, mit deren Hilfe

- der aktuelle Bodenzustand (z. B. Verdichtungsgrad im Oberboden), die Bodenqualität, bestimmte Standorteigenschaften (z. B. Bodenwasserhaushalt) und ertragsbegrenzende Faktoren (z. B. Boden-pH-Wert) auf einer Almfläche beurteilt,
- kleinräumige Standortunterschiede festgestellt,
- Standortveränderungen, Dünge- und Bewirtschaftungsfehler frühzeitig erkannt,
- die Notwendigkeit von Bewirtschaftungsmaßnahmen (z. B. Kalkung), Bewirtschaftungsänderungen (z. B. Erhöhung oder Verminderung des Viehbesatzes) und kulturtechnischen Maßnahmen (z. B. Drainagierung) zur Verbesserung des Pflanzenbestandes nachvollziehbar abgeleitet,
- der Erfolg von Bewirtschaftungsänderungen und Maßnahmen kontrolliert und
- standortspezifische Intensivierungsgrenzen festgestellt werden können.

Eine Almfläche mit Hilfe von Zeigerpflanzen zu beurteilen und bewerten ist mit einem geringen Arbeitsaufwand verbunden, relativ einfach und rasch während der Vegetationsperiode flächendeckend durchführbar. Da weder Messinstrumente oder Geräte nötig sind, verursacht es auch keine Kosten. Botanische Spezialkenntnisse sind nicht erforderlich.

Der Pflanzenbestand auf einer Almfläche sollte idealerweise einmal pro Jahr hinsichtlich Artenzusammensetzung, Wüchsigkeit, Grasnarbendichte (Vegetationslücken), Über- und Unterbeweidung kontrolliert werden.

Bei der Beurteilung des Pflanzenbestandes sollten folgende Fragen beantwortet werden:

- Kommen Zeigerpflanzen auf der Almfläche vor?
- Wie hoch ist ihre Individuenzahl (Anzahl der Einzelpflanzen) oder ihr Deckungsgrad?
- Was sind die Ursachen für Vorkommen oder Fehlen, Zu- oder Abnahme, Verschwinden oder Neuauftreten von Zeigerpflanzen im Pflanzenbestand?
- Was kann ich daraus ableiten?

Wenn die Fragen richtig beantwortet werden, können ertragsbegrenzende Faktoren für das Pflanzenwachstum, positive oder negative Standortveränderungen, Ursache von Problemen (schlechte Erträge, Ausbreitung unerwünschter Arten), Dünge- und Bewirtschaftungsfehler frühzeitig erkannt und die richtigen Maßnahmen zur Pflanzenbestandsverbesserung gesetzt werden. Allerdings sind Rückschlüsse auf Standort und Bewirtschaftung nur bei starkem Auftreten einer Zeigerart (z. B. Alpen-Ampfer) oder beim Vorkommen mehrerer Arten mit gleichem Zeigerwert (z. B. zahlreiche Nährstoffzeiger) möglich. Aus der Anwesenheit einer einzigen Zeigerart mit geringer Individuenzahl oder geringem Deckungsgrad kann keine Aussage über Standort oder Bewirtschaftung gemacht werden!

In diesem Kapitel finden Sie eine Auswahl an prägnanten Zeigerpflanzen.
Die Einteilung erfolgt in vier Kategorien: Nährstoffzeiger, Unternutzungszeiger, Verdichtungs- und Übernutzungszeiger sowie Wechselfeuchtezeiger.

NÄHRSTOFFZEIGER

- Tauern-Eisenhut *(Aconitum tauricum)*
- Blauer Eisenhut *(Aconitum napellus)*
- Quell-Hornkraut *(Cerastium fontanum)*
- Gewöhnliches Kreuzlabkraut *(Cruciata laevipes)*
- Wimper-Kälberkropf *(Chaerophyllum hirsutum)*
- Guter Heinrich *(Chenopodium bonus-henricus)*
- Alpen-Kratzdistel *(Cirsium spinosissimum)*
- Alpen-Krokus *(Crocus albiflorus)*
- Wald-Storchschnabel *(Geranium sylvaticum)*
- Ross-Minze *(Mentha longifolia)*
- Meisterwurz *(Peucedanum ostruthium)*
- Hohe Schlüsselblume *(Primula elatior)*
- Scharfer Hahnenfuß *(Ranunculus acris ssp. acris)*
- Berg-Hahnenfuß *(Ranunculus montanus)*
- Alpen-Ampfer *(Rumex alpinus)*
- Berg-Greiskraut *(Senecio subalpinus)*
- Rote Lichtnelke *(Silene dioica)*

UNTERNUTZUNGSZEIGER

- Rostblättrige Alpenrose *(Rhododendron ferrugineum)*
- Wimper-Alpenrose *(Rhododendron hirsutum)*
- Besenheide *(Calluna vulgaris)*
- Schneeheide *(Erica carnea)*
- Heidelbeere *(Vaccinium myrtillus)*
- Alpen-Nebelbeere *(Vaccinium uliginosum ssp. microphyllum = V. gaultherioides)*
- Waldstein-Weide *(Salix waldsteiniana)*
- Bergfarn *(Thelypteris limbosperma)*
- Adlerfarn *(Pteridium aquilinum)*
- Wald-Frauenfarn *(Athyrium filix-femina)*
- Echter Wurmfarn *(Dryopteris filix-mas)*

VERDICHTUNGS- UND ÜBERNUTZUNGSZEIGER

- Läger-Rispengras *(Poa supina)*
- Breitwegerich *(Plantago major ssp. major)*
- Alpen-Mastkraut *(Sagina saginoides)*
- Kriechender Hahnenfuß *(Ranunculus repens)*
- Gänseblümchen *(Bellis perennis)*
- Mittlerer Wegerich *(Plantago media)*

WECHSELFEUCHTEZEIGER

- Horst-Rasenschmiele *(Deschampsia cespitosa)*
- Flatter-Simse *(Juncus effusus)*
- Grau-Simse *(Juncus inflexus)*
- Rohr-Schwingel *(Lolium arundinaceum = Festuca arundinacea ssp. arundinacea)*
- Blau-Segge *(Carex flacca)*

Tauern-Eisenhut und Blauer Eisenhut

Aconitum tauricum und Aconitum napellus

Die Eisenhuthummel (Bombus gerstaecheri) *sammelt Pollen nur am Eisenhut.*

Bestimmungsmerkmale und Wuchsform

Hahnenfußgewächs; ausdauernd, sommergrün; 40–80 cm hoch; einzeln, in kleinen oder größeren Gruppen wachsend; mit schwärzlicher Wurzelknolle; Stängel steif aufrecht, meist unverzweigt, wechselständig beblättert; Grundblätter und Stängelblätter bis zum Grunde fünf- bis siebenteilig, die Abschnitte tief eingeschnitten mit schmalen Zipfeln; Laubblätter kahl, nach oben zu kleiner werdend, oberseits dunkelgrün, unterseits hellgrün glänzend; Stängelblätter unterseits meist ohne deutliche Netznervatur; Helm breiter als hoch; Helm außen kahl (Tauern-Eisenhut) oder krummhaarig (Blauer Eisenhut); Blütenstand unverzweigt (Tauern-Eisenhut) oder mit Seitenästen (Blauer Eisenhut); Blütenstand mit zahlreichen, helmartigen, blau-violetten Blüten.

Standortansprüche, Verbreitungsschwerpunkt und Reproduktion

Auf Almen häufig und weit verbreitet in der subalpinen und alpinen Stufe (bis ca. 3.000 m); wachsen bevorzugt auf frischen, nährstoffreichen, mäßig sauren Almböden; geringe Mahd- und Trittverträglichkeit, sehr gute Weideverträglichkeit; vermehren sich generativ mittels Samen und vegetativ durch Bildung einer Wurzelknolle.

Pflanzengesellschaft

Vor allem in Hochstaudenfluren und Lägerfluren, um Almhütten und Viehställe, auf Berggipfeln (insbesondere in Gebieten mit Schafbeweidung).

Zeigerwert

Zeigen nährstoffreichen Almboden an (Nährstoffzeiger).

Beeinflussung

Werden durch Düngung gefördert; können durch frühen und häufigen Schnitt über mehrere Jahre sowie durch Ausstechen (Schutzhandschuhe tragen) zurückgedrängt werden.

Futterwert

Kein Futterwert; sehr stark giftig; vom Almvieh verschmäht; Platzräuber; Weideunkraut.

Laubblätter

Besonderheit

Jedes Pflanzenexemplar bildet in der Vegetationsperiode eine oder zwei Tochterknollen, aus

Blütenstand von Tauern-Eisenhut

denen im Frühjahr eine neue Pflanze austreibt. Der ursprüngliche Spross stirbt ab. Lediglich langrüsselige Insekten (vor allem Hummeln) können in der helmartigen Eisenhutblüte Nektar und Pollen ernten (Hummelblume). Der Eisenhut kommt daher nur im Verbreitungsgebiet von Hummeln vor. Wichtigster Blütenbestäuber ist die Eisenhuthummel *(Bombus gerstaecheri)*. Der Blaue Eisenhut wird als optisch attraktive, frostharte Zierpflanze in Gärten angepflanzt. In der Homöopathie wird der Eisenhut bei grippalen Infekten und schmerzhaften Nervenerkrankungen angewendet.

Wissenswertes

Der Blaue Eisenhut ist die giftigste Pflanze in Europa. Alle Pflanzenorgane sind sehr stark giftig. Eine aufgenommene Menge über 0,2 g ist für Menschen bereits toxisch. Schon beim Pflücken der Pflanze kann das Gift durch die Haut eindringen und Hautentzündungen hervorrufen. Der Gattungsname *„Aconitum"* weist auf die Giftpflanze hin (griechisch akoniton = Giftpflanze). Die großen, blauen Blüten ähneln einer Sturmhaube, worauf sich der deutsche Name „Eisenhut" bezieht.

Verwechslungsmöglichkeit

Weitere blaue Eisenhut-Arten: Helm wenig bis deutlich höher als breit; Stängel hin- und hergebogen oder waagrecht überhängend, Stängelblätter unterseits deutlich netznervig (Rispen-Eisenhut, Raustiel-Eisenhut, Bunt-Eisenhut).

Quell-Hornkraut

Cerastium fontanum

Bestimmungsmerkmale und Wuchsform

Nelkengewächs; ausdauernd; wintergrün; 5–30 cm hoch; einzeln oder in kleinen Gruppen wachsend; Stängel dicht abstehend behaart, Haare 0,5–1 mm lang, meist drüsenlos; mit kurzen, nichtblühenden Trieben; Laubblätter länglich-eiförmig bis länglich-lanzettlich, gegenständig, sitzend, behaart, Haare bis 1,5 mm lang; Blütenstiel dicht kurzhaarig, zwei- bis dreimal länger als die Kelchblätter; fünf Kronblätter, weiß, deutlich länger als die Kelchblätter; fünf Kelchblätter; Kron- und Kelchblätter etwa 6–9 mm lang; fünf Griffel; zehn Staubblätter; obere Tragblätter hautrandig; Frucht 12–18 mm lang, gebogen.

Standortansprüche, Verbreitungsschwerpunkt und Reproduktion

Kommt auf Almen häufig und weit verbreitet in der subalpinen und alpinen Stufe vor (bis ca. 2.500 m); wächst bevorzugt auf frischen, nährstoffreichen, carbonatfreien, mäßig sauren Almböden; mäßige Mahd-, Weide- und Trittverträglichkeit; vermehrt sich generativ mittels Samen und vegetativ durch oberirdische Triebe.

Pflanzengesellschaft

Vor allem in Milchkrautweiden und Lägerfluren.

Blüte von Quell-Hornkraut

Zeigerwert

Zeigt nährstoffreichen Almboden an (Nährstoffzeiger); kennzeichnet gute Almstandorte.

Beeinflussung

Wird durch Düngung gefördert.

Futterwert

Als Futter geringwertig; liefert wenig Ertrag.

Besonderheit

Das Quell-Hornkraut bildet eine langlebige Diasporenbank im Boden (20–100 Jahre).

Verwechslungsmöglichkeit

Gewöhnliches Hornkraut *(Cerastium holosteoides)*: Kronblätter so lang wie die Kelchblätter; auf Almen „Kuhfladenpflanze" (wächst direkt auf alten Kuhfladen).

Gewöhnliches Kreuzlabkraut
Cruciata laevipes

Gewöhnliches Kreuzlabkraut (Cruciata laevipes)

Blütenstand

Bestimmungsmerkmale und Wuchsform
Kaffeegewächs; ausdauernd; wintergrün; lange Kriechtriebe; 10–30 cm hoch; in Gruppen wachsend; Stängel vierkantig, abstehend behaart; vier Stängelblätter, quirlständig, oval bis breitlanzettlich, dreinervig, behaart, gelbgrün; Teilblütenstände mit kleinen Hochblättern; Blütenstiele meist abstehend behaart; 3–9 kleine Blüten, gelb, vierzählig.

Standortansprüche, Verbreitungsschwerpunkt und Reproduktion
Kommt auf Almen häufig und weit verbreitet in der montanen und subalpinen Stufe vor (bis ca. 1.700 m); wächst bevorzugt auf frischen, nährstoffreichen, mäßig sauren Almböden; geringe Mahd- und Trittverträglichkeit, mäßige Weideverträglichkeit; vermehrt sich generativ mittels Samen und vegetativ durch Kriechtriebe.

Pflanzengesellschaft
Vor allem in Bergfettwiesen (Goldhaferwiese), Bergfettweiden (Gold-Pippau-Kammgrasweide, Milchkrautweide) und Lägerfluren.

Zeigerwert
Zeigt nährstoffreichen Almboden an (Nährstoffzeiger); auch Zeigerpflanze für Unterbeweidung in Koppelweiden.

Beeinflussung
Wird durch Düngung gefördert; kann durch frühen und häufigen Schnitt sowie durch intensive Beweidung (Trittbelastung) zurückgedrängt werden.

Futterwert
Als Futter geringwertig; liefert wenig Ertrag; vom Almvieh ungern gefressen.

Besonderheit
Die Blüten duften nach Honig.

Wissenswertes
Pflanzen mit starker Behaarung werden vom Almvieh meist ungern gefressen.

Verwechslungsmöglichkeit
Kahles Kreuzlabkraut *(Cruciata glabra)*: Stängel kahl oder mit bis zu 0,5 mm langen Haaren; Blütenstiele kahl; Teilblütenstände ohne Hochblätter; wächst auf nährstoffarmen, carbonatfreien, sauren Böden vor allem in der kollinen und montanen Stufe; meidet Kalkstandorte (Säurezeiger).

Wimper-Kälberkropf
Chaerophyllum hirsutum

Wimper-Kälberkropf (Chaerophyllum hirsutum)

Bestimmungsmerkmale und Wuchsform

Doldenblütler; ausdauernd; 50–120 cm hoch; einzeln, in kleinen Gruppen oder in großen Herden wachsend; mit unterirdischen Kriechtrieben; Stängel oben verzweigt, rund, hohl, glatt oder etwas gerillt, rauhaarig bis fast kahl, ohne rote Flecken; Grundblätter im Umriss breitdreieckig, mehrfach gefiedert, jede der beiden unteren Hauptfiedern fast so groß wie die restliche Laubblattspreite; Blätter besonders unterseits auf den Nerven borstig behaart; Grundblätter und untere Stängelblätter langgestielt; Hülle fehlt oder ein- bis zweiblättrig; Hüllchenblätter 5–10, bewimpert, breit weißhautrandig, lanzettlich zugespitzt; Dolde 10–15-strahlig; Kronblätter am Rand deutlich bewimpert; Blüten klein, meist weiß, selten rosa bis hellpurpurn.

Standortansprüche, Verbreitungsschwerpunkt und Reproduktion

Kommt auf Almen häufig und weit verbreitet in der montanen und subalpinen Stufe vor (bis 1.900m); wächst bevorzugt auf frischen oder feuchten, nährstoffreichen, schwach sauren Böden; gute Mahdverträglichkeit, geringe Weide- und Trittverträglichkeit; vermehrt sich generativ mittels Samen und vegetativ durch unterirdische Kriechtriebe.

Pflanzengesellschaft

Vor allem in Bergfettwiesen (Goldhaferwiese, Rotschwingel-Straußgraswiese), Feuchtwiesen, Hochstaudenfluren, brachgefallenen Almflächen, an Bachufern und in Quellfluren.

Zeigerwert

Zeigt nährstoffreichen Almboden an (Nährstoffzeiger).

Beeinflussung

Wird durch Düngung oder Nutzungsaufgabe gefördert; kann durch intensive Beweidung zurückgedrängt werden.

Futterwert

Als Futter geringwertig; lange Trocknungsdauer der Stängel; Platzräuber.

Blüten mit bewimperten Kronblättern

Besonderheit

Die Blüten weisen einen unangenehmen Geruch auf. Sie werden von zahlreichen Käfern und Fliegen besucht. Zerriebene Blätter riechen stark aromatisch.

Verwechslungsmöglichkeit

Alpen-Kälberkropf *(Chaerophyllum villarsii)*: jede der beiden unteren Hauptfiedern sind viel kleiner als die restliche Laubblattspreite; Stängel und Laubblätter meist borstig behaart; wächst bevorzugt auf frischen Böden in der subalpinen und alpinen Stufe.

Grundblatt von Wimper-Kälberkropf

ZEIGERPFLANZEN

NÄHRSTOFFZEIGER

Guter Heinrich
Chenopodium bonus-henricus

Bestimmungsmerkmale und Wuchsform
Gänsefußgewächs; ausdauernd; wintergrün; mit kräftiger Pfahlwurzel; 15–80 cm hoch; einzeln, in kleinen Gruppen oder in großen Herden wachsend; mehrere bogenförmig-aufsteigende bis aufrechte, meist unverzweigte, beblätterte Stängel; untere Laubblätter dreieckig-spießförmig bis pfeilförmig, langgestielt, welliger Blattrand; junge Laubblätter auf der Unterseite mehlig und etwas klebrig; Blütenstand endständig, rispig, reichblütig, oft nickend, nur am Grunde beblättert; zahlreiche unscheinbare, kleine Blüten in dichten Knäueln.

Standortansprüche, Verbreitungsschwerpunkt und Reproduktion
Kommt auf Almen häufig und weit verbreitet in der montanen und subalpinen Stufe vor (bis ca. 2.200 m); wächst bevorzugt auf frischen, nährstoffreichen, mäßig sauren Almböden; mäßige Mahd- und Weideverträglichkeit, geringe Trittverträglichkeit; vermehrt sich generativ mittels Samen (keine vegetative Ausbreitung).

Pflanzengesellschaft
Vor allem in Lägerfluren, um Almhütten und Viehställe.

Guter Heinrich (Chenopodium bonus-henricus)

Zeigerwert
Zeigt nährstoffreichen Almboden an (Nährstoffzeiger); kennzeichnet gute Almstandorte.

Beeinflussung
Wird durch Düngung gefördert; Regulierungsmaßnahmen: intensive Beweidung (Trittbelastung), Nachmahd der Blütenstände und Abfuhr des Mähguts (Verhinderung der Diasporenverbreitung und Aufbau einer Diasporenbank im Boden); Schaffung einer dichten, geschlossenen Grasnarbe (Nachsaat, standortangepasstes Saatgut verwenden).

Wissenswertes

Der Gute Heinrich wurde früher als Schweinefutter verwendet. Der Gattungsname *„Chenopodium"* setzt sich zusammen aus den griechischen Wörtern für „Gänse" (chenos) und „Füße" (podion), weil die Laubblätter bei manchen Arten gänsefußähnlich aussehen. Der Gute Heinrich ist eine alte Kultur- und Volksarzneipflanze. Der Artname „Guter Heinrich" bezieht sich auf die Bedeutung von Heinrich als guter Geist, wegen des Nutzens als Heil- und Gemüsepflanze.

Futterwert

Als Futter geringwertig; vom Almvieh kaum gefressen; Platzräuber.

Besonderheit

Der Gute Heinrich ist ein Wildkraut. Die jungen Blätter enthalten viel Eisen und Vitamin C. Sie werden wie Spinat verwendet („wilder Spinat"). Die jungen Triebe werden wie Spargel zubereitet und die Blüten kann man ähnlich wie Brokkoli dünsten. Allerdings welken die Blätter bald nach der Ernte und müssen daher rasch verarbeitet werden.

Blütenstand von Gutem Heinrich

Alpen-Kratzdistel
Cirsium spinosissimum

Bestimmungsmerkmale und Wuchsform
Korbblütler; ausdauernd; sommergrün; 20–80 cm hoch; in kleinen oder großen Gruppen wachsend; mit dickem Rhizom; Stängel nicht geflügelt, bis zur Spitze dicht beblättert; Stängelblätter mit geöhrtem Grund sitzend; Laubblätter länglich-lanzettlich, gelbgrün, behaart, fiederspaltig, reichdornig, sehr stechend; 2–10 nicht klebrige, aufrechte Blütenkörbe an der Stängelspitze; Blütenkörbe von großen, gelbgrünen, lang zugespitzten, fiederteiligen, dornigen, sehr stechenden Hochblättern umgeben; Blütenkörbe nur mit hellgelben Röhrenblüten; Pappus gefiedert.

Standortansprüche, Verbreitungsschwerpunkt und Reproduktion
Kommt auf Almen in der subalpinen und alpinen Stufe vor (bis ca. 3.000 m); wächst bevorzugt auf frischen, nährstoffreichen, mäßig sauren Böden; besiedelt auch feinerdearme, steinige Böden; geringe Mahd- und Trittverträglichkeit, gute Weideverträglichkeit; vermehrt sich generativ mittels Samen (Schirmchenflieger) und vegetativ durch Rhizom.

Pflanzengesellschaft
Vor allem in Hochstaudenfluren und Lägerfluren, auch in Milchkrautweiden sowie um Almhütten und Viehställe.

Alpen-Kratzdistel (Cirsium spinosissimum)

Zeigerwert
Zeigt nährstoffreichen Almboden an (Nährstoffzeiger).

Beeinflussung
Kann durch frühen und häufigen Schnitt über mehrere Jahre sowie durch Ausstechen zurückgedrängt werden.

Futterwert
Als Futter geringwertig; die jungen Blütenkörbe werden von Schafen und Ziegen gefressen; Platzräuber; Weideunkraut.

Blütenstand

Wissenswertes

Die Alpen-Kratzdistel wurde früher gekocht als Schweinefutter verwendet. Die dornigen Blätter dienten als Vorlage für mittelalterliche Brokatstickereien und gotische Zierrate. In der Symbolsprache der Blumen gilt die Distel als Sinnbild der Wehrhaftigkeit. Der lateinische Name *„spinosissimum"* bedeutet „sehr dornig". Die Alpen-Kratzdistel ist die dornigste aller Kratzdisteln. Sie ist ein Wahrzeichen der Alpen. Sie wächst in keinem anderen Hochgebirge der Welt.

Besonderheit

Die erwachsenen Pflanzen sind durch die vielen Dornen vor Fraß geschützt. Mit Hilfe des Pappus werden die Diasporen von der Alpen-Kratzdistel durch den Wind über größere Distanzen verfrachtet (Fernausbreitung). Auch Schafe haben für die Pflanzenausbreitung durch An heften der dornigen Blütenkörbe in ihrem Fell eine große Bedeutung. Aus den jungen Trieben können Spinat und Kräutersuppen zubereitet werden.

Grundblätter der Alpen-Kratzdistel

Alpen-Krokus

Crocus albiflorus

Bestimmungsmerkmale und Wuchsform

Schwertliliengewächs; ausdauernd; sommergrün; mit Sprossknolle; 4–15 cm hoch; einzeln, in kleinen Gruppen oder in großen Herden wachsend; Laubblätter 10–20 cm lang, etwa 3 mm breit, linealisch, am Rand nach unten umgerollt, mit weißem Mittelnerv; Blüte erscheint vor den Laubblättern; Blüten weiß, violett oder weiß mit violetten Streifen; Griffel kürzer als die drei Staubblätter.

Standortansprüche, Verbreitungsschwerpunkt und Reproduktion

Kommt auf Almen häufig und weit verbreitet in der montanen, subalpinen und alpinen Stufe vor (bis ca. 2.700 m); wächst bevorzugt auf frischen, nährstoffreichen, mäßig sauren Almböden; benötigt ausreichend Bodenfeuchte (Schneeschmelzwasser) im Frühling; trittempfindlich während der Blütezeit, mäßig weideverträglich; vermehrt sich generativ mittels Samen und vegetativ durch Bildung einer Sprossknolle.

Pflanzengesellschaft

Vor allem in Bergfettwiesen (Goldhaferwiese, Rotschwingel-Straußgraswiese) und Bergfettweiden (Gold-Pippau-Kammgrasweide, Milchkrautweide).

Alpen-Krokus (Crocus albiflorus)

Zeigerwert

Zeigt nährstoffreichen, im Frühling gut mit Wasser versorgten Almboden an (Nährstoffzeiger); kennzeichnet gute Almstandorte.

Beeinflussung

Wird durch Düngung gefördert.

Futterwert

Sehr geringer Futterwert; schwach giftig; Blätter im Sommer eingezogen; Sprossknollen von Wildschweinen gerne gefressen.

Laubblätter

Foto: © Taferner, K.

Besonderheit

Der Alpen-Krokus blüht unmittelbar nach der Schneeschmelze (Frühjahrsblüher). Er prägt während dieser Zeit bei Massenvorkommen das Landschaftsbild. Die Samenausbreitung erfolgt durch die Klauen und Hufe des Almviehs sowie durch Ameisen. Die Sprossknollen werden durch Maulwürfe verbreitet. Der Krokus bildet jedes Jahr eine neue Sprossknolle, die der alten aufsitzt. Durch Zugwurzeln wird die Knolle in die Tiefe gezogen, damit sie nicht allmählich aus dem Boden herauswächst. Die Knolle ist ein bedeutender Nährstoff- und Energiespeicher. Dadurch kann der Krokus im Frühling rasch austreiben und das zeitlich begrenzte bessere Lichtangebot nahe der Bodenoberfläche zur Assimilation und zur Stoffspeicherung in der Sprossknolle nutzen, bevor die Gräser schossen. Die reife, braune Fruchtkapsel enthält bis zu 20 Samen. Der Fruchtstiel mit der Fruchtkapsel neigt sich während der Fruchtreife zu Boden, um die Samen zu entlassen (Selbstaussäer). Die reife Fruchtkapsel gilt als Indikator für den Mahdzeitpunkt von Bergwiesen. Der Krokus ist eine Wetterpflanze. Bei sonnigem Wetter werden die Blüten geöffnet. Die Öffnungszeit der Blüte stimmt weitgehend mit der Hauptaktivitätszeit seiner Bestäuber (Falter und langrüsselige Hummeln) überein. Dadurch erfolgt eine Insektenbestäubung. Bei Kälte, trübem und nassem Wetter wird die Blüte geschlossen. Dann findet mangels Bestäuber eine Selbstbestäubung statt. Dabei fallen Pollen von den Staubblättern direkt auf die Narbe des Fruchtknotens.

Blüte von Alpen-Krokus

Wald-Storchschnabel

Geranium sylvaticum

Blütenstände des Wald-Storchschnabels (**Geranium sylvaticum**)

Bestimmungsmerkmale und Wuchsform

Storchschnabelgewächs; ausdauernd; sommergrün; 30–60 cm hoch; einzeln, in kleinen Gruppen oder in großen Herden wachsend; mit Rhizom; Stängel meist gabelig verzweigt, unten anliegend, oben drüsig behaart, gegenständig beblättert; grundständige Laubblätter langgestielt, fünf- bis siebenteilig, unregelmäßig grob gezähnt, beiderseits kurz anliegend behaart; Blüten je zwei auf langgabeligem Stiel; Blütenstiele nach dem Blühen aufrecht; Blüten lilablau, am Grund weißlich; Kronblätter 13–18 mm lang; Griffel 3–4 mm lang; Staubfäden gegen den Grund zu allmählich auf 1 mm verbreitert.

Standortansprüche, Verbreitungsschwerpunkt und Reproduktion

Kommt auf Almen häufig und weit verbreitet in der montanen und subalpinen Stufe vor (bis ca. 2.200 m); wächst bevorzugt auf frischen, nährstoffreichen, schwach bis mäßig sauren Almböden; gute Mahdverträglichkeit, geringe Weide- und Trittverträglichkeit; vermehrt sich generativ mittels Samen und vegetativ durch Rhizom.

Pflanzengesellschaft

Vor allem in Bergfettwiesen (Goldhaferwiese), Hochstaudenfluren und im Grün-Erlen-Gebüsch.

Zeigerwert

Zeigt nährstoffreichen Almboden an (Nährstoffzeiger); kennzeichnet gute Almstandorte.

Beeinflussung

Wird durch Düngung gefördert; kann durch intensive Beweidung zurückgedrängt werden.

Futterwert

Als Futter geringwertig; vom Almvieh ungern gefressen; hohe Bröckelverluste bei der Heuernte; Platzräuber.

Grundständiges Laubblatt

Wissenswertes

Der Name „Storchschnabel" bezieht sich auf die Gestalt der Frucht. Sie hat Ähnlichkeit mit dem Schnabel eines Storches. Die getrockneten Blüten wurden zum Blaufärben von Ostereiern verwendet.

Verwechslungsmöglichkeit

Wiesen-Storchschnabel *(Geranium pratense)*: Blüten hellblau; Kronblätter 15–20 mm lang; Blütenstiele nach dem Blühen abwärts gerichtet; grundständige Laubblätter stärker geteilt; Griffel 5–8 mm lang; Staubfäden am Grund abrupt auf 1,5–2 mm verbreitert; Verbreitungsschwerpunkt in der kollinen und montanen Stufe.

Besonderheit

Charakteristisch für Storchschnabelgewächse ist die Ausbreitung der Samen durch Schleudermechanismen (Selbstausbreitung). Beim Wald-Storchschnabel krümmt sich der Fruchtschnabel ruckartig elastisch aufwärts und schleudert dabei die Samen bis zu 3 m fort. Der Wald-Storchschnabel ist eine Bienenweidepflanze und frostharte Zierpflanze in Gärten und Parks.

Blüte des Wald-Storchschnabels

Ross-Minze
Mentha longifolia

Ross-Minze (**Mentha longifolia**)

Bestimmungsmerkmale und Wuchsform

Lippenblütler; ausdauernd; teilweise wintergrün; 30–100 cm hoch; einzeln, in kleinen Gruppen oder in großen Herden wachsend; mit langen unterirdischen Kriechtrieben; Stängel zottig-weichhaarig; Laubblätter ungestielt, länglich-eiförmig bis lanzettlich, mehr als 1 cm breit, vorne spitz, meist scharf gezähnt, oberseits zerstreut behaart, grün, unterseits dicht und weißfilzig behaart; Blüten in langen Blütenständen am Ende des Stängels; Blüten klein, rötlich bis blasslila, selten weiß; Blütenstiel und Kelch dicht behaart; Pflanze riecht beim Zerreiben aromatisch.

Standortansprüche, Verbreitungsschwerpunkt und Reproduktion

Kommt auf Almen häufig und weit verbreitet in der montanen und subalpinen Stufe vor (bis ca. 1.800 m); wächst bevorzugt auf feuchten, nährstoffreichen, carbonathaltigen, schwach sauren bis schwach alkalischen Böden (häufig Gley); geringe Mahd- und Trittverträglichkeit, mäßige Weideverträglichkeit; vermehrt sich generativ mittels Samen und vegetativ durch lange unterirdische Kriechtriebe.

Pflanzengesellschaft

Vor allem in Feuchtweiden (Binsenweiden), an Bachufern, in Quellfluren und wasserzügigen Gräben.

Zeigerwert

Zeigt nährstoffreichen, feuchten Almboden an (Nährstoff- und Feuchtezeiger).

Beeinflussung

Wird durch Düngung gefördert; kann durch frühen und häufigen Schnitt über mehrere Jahre zurückgedrängt werden; Nachsaat je nach Seehöhe mit Wiesen-Fuchsschwanz, Wiesen-Schwingel, Wiesen-Lieschgras, Alpen-Lieschgras, Rot-Schwingel und Wiesen-Kammgras.

Futterwert

Als Futter geringwertig; vom Almvieh wegen des starken Geruchs (hoher Gehalt an ätherischen Ölen) verschmäht; Platzräuber; Weideunkraut.

Blattoberseite mit Himmelblauem Blattkäfer

Wissenswertes

Ross-Minze ist eine Färberpflanze. Sie kann zur Gelbfärbung von Wolle verwendet werden. Ross-Minze enthält im Unterschied zu anderen Minze-Arten wenig Menthol. Beim Zerreiben der Blätter entsteht daher nur ein schwacher Minzegeruch. Der Geruch von Ross-Minze vertreibt Mäuse und Ratten. In der Volksheilkunde werden Tees aus Ross-Minze gegen Magen-Darm-Beschwerden und Kopfschmerzen empfohlen. Ross-Minze ist auch eine Bienenweidepflanze. Sie dient dem Himmelblauen Blattkäfer (Chrysolina coerulans) als Futterpflanze. Sowohl die Larven als auch die Käfer fressen von den Minzblättern.

Blattunterseite der Ross-Minze

Meisterwurz

Peucedanum ostruthium

Bestimmungsmerkmale und Wuchsform

Doldenblütler; ausdauernd; sommergrün; 30–100 cm hoch; in kleinen oder größeren Gruppen wachsend; mit Rhizom (würziger Geruch); Stängel rund, hohl, kahl, gerillt; Grundblätter langgestielt, mit drei gestielten, dreizähligen Teilblättern; Teilblätter eiförmig, grob gesägt; Blattstiel rund, fein gerillt, markig; Stängelblätter mit aufgeblasener Blattscheide; zahlreiche kleine, weiße Blüten in endständiger Dolde; Hüllblätter 0–2; Frucht weiß-gelblich, rundlich, kahl, mit breit geflügelten Randrippen; Pflanze riecht beim Zerreiben aromatisch (nach Karotte oder Sellerie).

Standortansprüche, Verbreitungsschwerpunkt und Reproduktion

Kommt auf Almen häufig und weit verbreitet in der montanen, subalpinen und unteralpinen Stufe vor (bis ca. 2.200 m); wächst bevorzugt auf frischen, nährstoffreichen, mäßig sauren Böden; geringe Mahd- und Trittverträglichkeit, mäßige Weideverträglichkeit; vermehrt sich generativ mittels Samen und vegetativ durch Rhizom.

Pflanzengesellschaft

Vor allem in Hochstaudenfluren und im Grün-Erlen-Gebüsch, in der Nähe von Almhütten und Viehställen meist angepflanzt (Kulturreliktpflanze).

Meisterwurz (**Peucedanum ostruthium**)

Zeigerwert

Zeigt nährstoffreichen Almboden an (Nährstoffzeiger); kennzeichnet gute Almstandorte.

Beeinflussung

Wird durch Düngung gefördert; kann durch frühen und häufigen Schnitt über mehrere Jahre zurückgedrängt werden.

Futterwert

Als Futter geringwertig; von Rindern und Schafen gemieden; von Ziegen gefressen.

Besonderheit

Meisterwurz zählt zu den phototoxischen Pflanzen. Der Pflanzensaft kann bei Sonneneinstrahlung Hautentzündungen

Frucht mit geflügelten Randrippen

hervorrufen. Meisterwurz gehört zu den Flügelfliegern. Eine Nah- und Fernausbreitung der Diasporen ist möglich. Meisterwurz ist eine wichtige Insektenpflanze. Die Blütenstände werden von den Insekten auch als „Sonnendeck" genutzt. Meisterwurz ist eine Gewürz-, Arznei- und Likörpflanze. Der Meisterwurz-Schnaps gilt als Magenstärkungsmittel. Meisterwurz-Tee wird bei Magen- und Darmproblemen (z. B. Blähungen), bei Fieber und Bronchitis empfohlen. Die Meisterwurz-Tinktur eignet sich zur Therapie von Erkältungen, zur Stärkung der Verdauung und bei Zahnfleischbluten. Meisterwurz-Balsam dient zur Beseitigung von Hautunreinheiten und zur Pflege alter Wunden. Meisterwurz hat auch in der Tiermedizin bei Magen-Darm-Beschwerden eine Bedeutung.

Wissenswertes

Der lateinische Name *„ostruthium"* stammt aus Südfrankreich, bedeutet „glücklich, nützlich" und bezieht sich auf die Verwendung als Heilpflanze im Mittelalter. Auch der deutsche Name „Meisterwurz" weist auf die Heilkräfte dieser Pflanze hin.

Grundblatt der Meisterwurz

Hohe Schlüsselblume
Primula elatior

Bestimmungsmerkmale und Wuchsform

Primelgewächs; ausdauernd; teilweise wintergrün; 10–30 cm hoch; einzeln oder in kleinen Gruppen wachsend; mit Rhizom; Stängel behaart, länger als die Laubblätter; jüngere Laubblätter nach unten umgerollt; Laubblätter in grundständiger Rosette (Rosettenpflanze), mit geflügeltem Blattstiel, länglich-eiförmig, runzelig, fein und unregelmäßig gezähnt, ober- und unterseits locker behaart; Blüten in einer vielblütigen, einseitigen Dolde, hellgelb, gegen den Schlund nur wenig dunkler, schwach duftend; Kelch kantig, der Krone eng anliegend (nicht aufgeblasen); Kelchzähne 3–7 mm lang.

Standortansprüche, Verbreitungsschwerpunkt und Reproduktion

Kommt auf Almen häufig und weit verbreitet in der montanen, subalpinen und unteralpinen Stufe vor (bis ca. 2.200 m); wächst bevorzugt auf frischen, lehmigen, nährstoffreichen, mäßig sauren Almböden (insbesondere Kalkbraunlehm); schattentolerant; mäßige Mahd-, Weide- und Trittverträglichkeit; vermehrt sich generativ mittels Samen und vegetativ durch Rhizom.

Pflanzengesellschaft

Vor allem in Bergfettwiesen (Goldhaferwiese, Rot-Schwingel-Straußgraswiese) und Hochstaudenfluren.

Blütenstand der Hohen Schlüsselblume (**Primula elatior**)

Zeigerwert

Zeigt nährstoffreichen Almboden an (Nährstoffzeiger); kennzeichnet gute Almstandorte.

Beeinflussung

Wird durch Düngung gefördert; kann durch intensive Beweidung zurückgedrängt werden.

Futterwert

Als Futter geringwertig; liefert wenig Ertrag.

Kelch nicht aufgeblasen

Besonderheit

Die Hohe Schlüsselblume zählt zu den Arzneipflanzen. Sie wird bei chronischer Bronchitis und bei erkältungsbedingtem Husten sowohl in der Human- als auch in der Tiermedizin verwendet. Schlüsselblumenblüten sind häufiger Bestandteil von Asthma-, Bronchial- oder Hustentees. Die Hohe Schlüsselblume ist ein Wildkraut. Schlüsselblumenblüten und junge Blätter können Salaten beigegeben werden. Die jungen Blätter können gekocht als Gemüse zubereitet werden. Die Hohe Schlüsselblume wird auch als schattentolerante, frostharte Zierpflanze in Gärten und Parks angepflanzt. Sie ist eine Bienenweidepflanze.

Grundständige Laubblätter der Hohen Schlüsselblume

Wissenswertes

Der Name „Schlüsselblume" resultiert aus der Ähnlichkeit des Blütenstands mit altgermanischen Schlüsseln.

Verwechslungsmöglichkeit

Echte Schlüsselblume *(Primula veris)*: Kelch aufgeblasen; Blüten dottergelb, gegen den Schlund orange, duftend; Laubblätter unterseits graufilzig; wächst bevorzugt auf carbonathaltigen, schwach sauren bis schwach alkalischen, halbtrockenen, nährstoffarmen Böden in kollinen und montanen Halbtrockenrasen.

Scharfer Hahnenfuß

Ranunculus acris ssp. acris

Nährstoffreiches, tiefsubalpines Flachmoor mit Scharfem Hahnenfuß **(Ranunculus acris ssp. acris)** *als Hauptbestandesbildner*

Bestimmungsmerkmale und Wuchsform

Hahnenfußgewächs; ausdauernd; teilweise wintergrün; 20–60 cm hoch; einzeln, in kleinen Gruppen oder in großen Herden wachsend; mit kurzem Rhizom; Pflanze locker und kurz anliegend-behaart oder kahl; Stängel am Grunde hohl, meist stark verzweigt; Grundblätter langgestielt, fünf- siebenteilig, mit linealisch-lanzettlichen Abschnitten; Stängelblätter sitzend; Blütenboden kahl; Blütenstiel rund, nicht längsgefurcht; Blüten gelb, langgestielt; Kelchblätter anliegend behaart, den Kronblättern anliegend; Fruchtschnabel gerade oder wenig gekrümmt, sehr kurz.

Standortansprüche, Verbreitungsschwerpunkt und Reproduktion

Kommt auf Almen häufig und weit verbreitet in der montanen, subalpinen und alpinen Stufe vor (bis ca. 2.500 m); wächst bevorzugt auf frischen bis mäßig nassen, nährstoffreichen (kaliumreichen jedoch nitratarmen), mäßig sauren Almböden; gute Mahd- und Weideverträglichkeit, mäßige Trittverträglichkeit; vermehrt sich vorwiegend generativ mittels Samen aber auch vegetativ durch Rhizom.

Pflanzengesellschaft

Vor allem in Bergfettwiesen (Goldhaferwiese, Rot-Schwingel-Straußgraswiese), Bergfettweiden (Gold-Pippau-Kammgrasweide, Milchkrautweide), Lägerfluren, Feuchtwiesen, nährstoffreichen Flachmooren.

Zeigerwert

Zeigt nährstoffreichen Boden an (Nährstoffzeiger); kennzeichnet kaliumreiche Mineralböden mit gehemmter Stickstofffreisetzung und folglich schlechtem Graswachstum (z. B. humusarme Planie- und Schwemmböden).

Beeinflussung

Wird durch Düngung mit kaliumreichen Düngemitteln (Gülle, Jauche) und durch Lücken in der Grasnarbe gefördert; Regulierungsmaßnahmen: Düngung mit nitratreichen Düngemitteln (fördert Futtergräser), Nachmahd mit Abfuhr des Mähguts (verhindert Diasporenausbreitung und Aufbau einer Diasporenbank im Boden), Nachsaat mit standortangepasstem Saatgut (Schaffung

Grundständiges Laubblatt

einer dichten, geschlossenen Grasnarbe).

Futterwert

Sehr geringer Futterwert; alle Pflanzenteile sind im frischen Zustand giftig; Giftigkeit geht beim Trocknen verloren (im Heu unschädlich); vom Almvieh verschmäht; Platzräuber; Weideunkraut.

Besonderheit

Der Scharfe Hahnenfuß hat eine große ökologische Amplitude bezüglich Bodenfeuchte. Er wächst auf frischen, feuchten und mäßig nassen Standorten. Der Scharfe Hahnenfuß bildet eine kurzzeitige Diasporenbank im Boden (2–4 Jahre). Die Diasporen (geschnäbelte Nüsschen) kleben am Tierfell (Wasserhafter) und werden dadurch über große Strecken ausgebreitet (Fernausbreitung). Die Pollen vom Scharfen Hahnenfuß können Heuschnupfen auslösen. Der Saft von frischen Pflanzen kann auf der Haut Rötungen und Blasenbildung verursachen (Kontakt-Dermatitis).

Wissenswertes

Der Scharfe Hahnenfuß erhielt seine deutsche und lateinische Artbezeichnung (*acris* = scharf) wegen des scharfen Geschmacks der Blätter.

Verwechslungsmöglichkeit

Wald-Hahnenfuß *(Ranunculus nemorosus)*: Blütenboden behaart; Blütenstiel längsgefurcht; Grundblätter dreilappig, behaart; Fruchtschnabel stark gekrümmt; wächst in frischen Magerwiesen und Magerweiden in der montanen und subalpinen Stufe.

Scharfer Hahnenfuß auf intensiv genutzter Almweidefläche

Berg-Hahnenfuß
Ranunculus montanus

Blütenstand von Berg-Hahnenfuß (Ranunculus montanus)

Bestimmungsmerkmale und Wuchsform

Hahnenfußgewächs; ausdauernd; sommergrün; mit kurzem Rhizom; 5–30 cm hoch; einzeln oder in kleinen Gruppen wachsend; Stängel rund, nicht längsgefurcht und am Grunde nicht hohl, kahl oder leicht behaart, mit 1–2 sitzenden, tiefgeteilten Stängelblättern; Stängelblatt-Abschnitte weniger als siebenmal so lang wie breit, in oder knapp oberhalb der Mitte am breitesten; Grundblätter langgestielt, drei- bis fünfspaltig, glänzend, kahl oder schwach behaart; 1–3 Blüten pro Stängel; Blüten mit fünf gelben Kronblättern; Kelchblätter und Blütenboden behaart.

Standortansprüche, Verbreitungsschwerpunkt und Reproduktion

Kommt auf Almen häufig und weit verbreitet in der montanen, subalpinen und alpinen Stufe vor (bis ca. 2.800 m); wächst bevorzugt auf frischen, nährstoffreichen, carbonatfreien oder carbonathaltigen, mäßig bis schwach sauren Almböden; toleriert Nässe und lange Schneebedeckung (kurze Vegetationszeit); gute Mahd- und Weideverträglichkeit, mäßige Trittverträglichkeit; vermehrt sich generativ mittels Samen und vegetativ durch Rhizom.

Pflanzengesellschaft

Vor allem in Bergfettwiesen (Goldhaferwiese) und Bergfettweiden (Gold-Pippau-Kammgrasweide, Milchkrautweide), auch in Kalk-Flachmooren und Schneetälchen.

Zeigerwert

Zeigt nährstoffreichen Almboden an (Nährstoffzeiger); kennzeichnet gute Almstandorte.

Beeinflussung

Wird durch Düngung gefördert; kann durch Nachmahd der Blütenstände und Abfuhr des Mähguts zurückgedrängt werden (verhindert Diasporenausbreitung und Aufbau einer Diasporenbank im Boden).

Stängelblatt-Abschnitte

Futterwert

Als Futter geringwertig; schwach giftig; von Rindern meist gemieden, von Schafen teilweise gefressen.

Verwechslungsmöglichkeit

Kärntner Berg-Hahnenfuß *(Ranunculus carinthiacus)*: Stängelblatt-Abschnitte 7–15-mal so lang wie breit; kommt in den Bundesländern Kärnten, Steiermark und Niederösterreich vor; wächst auf nährstoffarmen, carbonathaltigen Böden (Rendzinen, Pararendzinen) in subalpinen und alpinen Kalk-Magerrasen.

Grundständiges Laubblatt von Berg-Hahnenfuß

Alpen-Ampfer
Rumex alpinus

Bestimmungsmerkmale und Wuchsform

Knöterichgewächs; ausdauernd; teilweise wintergrün; 50–100 cm hoch; einzeln, in kleinen Gruppen oder in großen Herden wachsend; mit dickem, in geringer Bodentiefe wachsenden Rhizom; Grundblätter sehr groß, oval bis rundlich, ungefähr so lang oder etwas länger als breit, am Grund herzförmig, langgestielt; Stängelblätter lanzettlich bis eiförmig, wechselständig, gestielt; Blüten zahlreich, klein, in einem dichten, großen, stark rispig verzweigten Blütenstand; Blütenhüllblätter fast ganzrandig (keine Zähne), ohne Schwiele, zur Fruchtzeit auffällig rötlich gefärbt.

Standortansprüche, Verbreitungsschwerpunkt und Reproduktion

Kommt auf Almen häufig und weit verbreitet in der montanen, subalpinen und unteralpinen Stufe vor (bis ca. 2.600 m Seehöhe); wächst bevorzugt auf frischen, sehr nährstoffreichen, mäßig sauren Almböden; besiedelt Geländevertiefungen (z. B. Dolinen); sehr gute Mahd- und Weideverträglichkeit, geringe Trittverträglichkeit; vermehrt sich generativ mittels Samen und vegetativ durch Rhizom.

Pflanzengesellschaft

Vor allem in Lägerfluren (bestandesbildend) und Hochstaudenfluren, im Grün-Erlen-Gebüsch, auf überdüngten

Alpen-Ampfer (**Rumex alpinus**)

Bergfettwiesen (Goldhaferwiese) und Bergfettweiden (Gold-Pippau-Kammgrasweide, Milchkrautweide).

Zeigerwert

Zeigt sehr nährstoffreichen (überdüngten) Almboden an (Überdüngungszeiger); kennzeichnet Almstandorte mit hohem Gehalt an pflanzenverfügbarem Kalium und Stickstoff im Oberboden.

Beeinflussung

Wird durch Düngung gefördert; Regulierungsmaßnahmen: Ausstechen, frühe und häufige Mahd über mehrere Jahre mit Abfuhr des Mähguts (Aushagerung) und Nachsaat mit standortangepassten, konkurrenzkräftigen Futtergräsern; weniger und/oder in größeren Zeitabständen düngen, Lücken in der Grasnarbe durch Nachsaat schließen.

Grundblätter

Besonderheit

Der Alpen-Ampfer speichert in den Wurzeln und im Rhizom große Mengen an Stärke. Deshalb kann die Pflanze nach der Schneeschmelze rasch austreiben. Außerdem erträgt sie dadurch häufigen Schnitt und Verbiss durch Almvieh. Die Überlebensdauer der Rhizome und die Keimfähigkeit der Samen im Boden betragen etwa 13 Jahre. Die kaliumreichen und deshalb wasserreichen Laubblätter von Alpen-Ampfer trocknen sehr schwer. Jede Ampferpflanze produziert ca. 6.000 Samen pro Jahr. Die Samen verbleiben in der Nähe der Mutterpflanze (Nahausbreitung). Für die Samenkeimung sind Keimplätze notwendig (Lücken in der Gasnarbe). Eine Fernausbreitung ist durch Wirtschaftsdünger, Nutz- und Wildtiere möglich. Ein Kuhfladen kann über zehn keimfähige Alpen-Ampfer-Samen enthalten.

Futterwert

Als Futter geringwertig; von Rindern und Schafen gemieden; von Ziegen gefressen; Platzräuber; Weideunkraut.

Blütenhüllblätter ohne Schwiele, fast ganzrandig (keine Zähne)

Wissenswertes

Die Blätter von Alpen-Ampfer enthalten viel Oxalsäure und sollten deshalb nicht als Salat oder Spinat zubereitet werden. Sie wurden früher nach Abbrühen mit heißem Wasser zur Verringerung des Oxalsäuregehaltes als Schweinefutter verwendet. Die Blätter dienten auch zum Einwickeln von Butter und Käse für den Transport ins Tal.

Verwechslungsmöglichkeit

Stumpfblatt-Ampfer *(Rumex obtusifolius)*: Blütenhüllblätter mit Schwiele und deutlichen Zähnen; Grundblätter länger als breit; mit tiefreichender, kräftiger Pfahlwurzel; Verbreitungsschwerpunkt in der kollinen und montanen Stufe.

Berg-Greiskraut
Senecio subalpinus

Blütenkörbe von Berg-Greiskraut (**Senecio subalpinus**)

Bestimmungsmerkmale und Wuchsform

Korbblütler; ausdauernd; teilweise wintergrün; 30–70 cm hoch; einzeln oder in Gruppen wachsend; mit kurzem Rhizom; Stängel kantig, oben verzweigt, gleichmäßig beblättert; alle Stängelblätter wechselständig; Grundblätter und untere Stängelblätter herzförmig, langgestielt, grob gezähnt; Blattstiel meist geflügelt; Spreite der unteren Stängelblätter etwa so lang wie breit; obere Stängelblätter kurz gestielt bis sitzend, fiederteilig; Laubblätter beiderseits grasgrün, unterseits heller; Stängel meist mehrkörbig; Blütenkörbe langgestielt, mit Röhrenblüten und randlichen Zungenblüten; Hülle einreihig, mit Außenhüllblättern; Hüllblätter lanzettlich, gleich lang, an der Spitze schwärzlich; Pappus aus Haaren bestehend; Blüten goldgelb bis orangegelb.

Standortansprüche, Verbreitungsschwerpunkt und Reproduktion

Kommt in den Bundesländern Niederösterreich, Oberösterreich, Steiermark, Kärnten und Salzburg in der montanen und subalpinen Stufe (bis ca. 1.800 m) häufig bis zerstreut vor; wächst bevorzugt auf frischen oder feuchten, nährstoffreichen, mäßig sauren Almböden; geringe Mahd- und Trittverträglichkeit, gute Weideverträglichkeit; vermehrt sich generativ mittels Samen (Schirmchenflieger) und vegetativ durch Rhizom.

Pflanzengesellschaft

Vor allem in Hochstaudenfluren und Lägerfluren, um Almhütten und Viehställe, in Bergfettweiden (Gold-Pippau-Kammgrasweide, Milchkrautweide).

Zeigerwert

Zeigt nährstoffreichen Almboden an (Nährstoffzeiger).

Beeinflussung

Wird durch Düngung gefördert; kann durch frühen und häufigen Schnitt über mehrere Jahre sowie durch Ausstechen zurückgedrängt werden.

Herzförmiges Grundblatt

Futterwert

Sehr geringer Futterwert; giftig; vom Almvieh gemieden; Platzräuber; Weideunkraut.

Verwechslungsmöglichkeit

Alpen-Greiskraut *(Senecio cordatus)*: Spreite der unteren Stängelblätter 1,5-mal so lang wie breit; Blattstiel meist nicht geflügelt; alle Laubblätter ungeteilt; wächst bevorzugt auf carbonathaltigen Böden; kommt in den Bundesländern Oberösterreich, Kärnten, Salzburg, Tirol und Vorarlberg vor.

Hüllblätter und obere Stängelblätter (fiederteilig) von Berg-Greiskraut

Rote Lichtnelke

Silene dioica

Blütenstand der Roten Lichtnelke (Silene dioica)

Bestimmungsmerkmale und Wuchsform

Nelkengewächs; zweijährig bis wenige Jahre ausdauernd; wintergrün; 30–90cm hoch; einzeln oder in kleinen Gruppen wachsend; Stängel im oberen Teil oft gabelig verzweigt, drüsig, abstehend behaart, nicht klebrig; grundständige Blattrosette; Stängelblätter sitzend, gegenständig, eiförmig bis breit-lanzettlich, ganzrandig, weichhaarig; Blütenstand locker rispig; Kelch 10–15 mm lang, meist rötlich, drüsig behaart; Kelchzähne breitdreieckig; Blüten geruchlos, rot, fünf Kronblätter, tief zweispaltig, mit Nebenkrone, zweihäusig; Kelch bei männlichen Blüten röhrenförmig und zehnnervig, bei weiblichen Blüten eiförmig und 20-nervig; weibliche Blüte enthält fünf Griffel, bei männlichen Blüten fehlt Griffel, fünf Staubblätter.

Standortansprüche, Verbreitungsschwerpunkt und Reproduktion

Kommt auf Almen häufig und weit verbreitet in der montanen, subalpinen und unteralpinen Stufe vor (bis ca. 2.300 m); wächst bevorzugt auf frischen, nährstoffreichen, mäßig sauren Almböden; mäßige Mahdverträglichkeit, geringe Weide- und Trittverträglichkeit; vermehrt sich überwiegend generativ mittels Samen, aber auch vegetativ durch grundständige Seitentriebe und Wurzelsprosse.

Pflanzengesellschaft

Vor allem in Bergfettwiesen (Goldhaferwiese), Hochstaudenfluren und Lägerfluren.

Zeigerwert

Zeigt nährstoffreichen Almboden an (Nährstoffzeiger); kennzeichnet gute Almstandorte.

Beeinflussung

Wird durch Düngung gefördert; kann durch intensive Beweidung zurückgedrängt werden.

Futterwert

Als Futter geringwertig.

Weibliche Blüte

Verwechslungsmöglichkeit

Gewöhnliche Pechnelke *(Viscaria vulgaris)*: Stängel unter den Knoten stark klebrig; wächst auf nährstoffarmen, carbonatfreien, sauren Böden in der kollinen und montanen Stufe; meidet Kalkstandorte (Säurezeiger).

Männliche Blüten der Roten Lichtnelke

Besonderheit

In jeder Fruchtkapsel können über 200 Samen gebildet werden. Die Samen werden durch Hin- und Herbewegen im Wind aus der Kapsel herausgeschleudert (Windstreuer). Die Blüten sind nur am Tag geöffnet. Die Bestäubung erfolgt ausschließlich über Insekten, insbesondere Tagfalter (Tagfalterblume).

Wissenswertes

Der zweite Namensteil *„dioica"* bedeutet, dass die Pflanze zweihäusig ist (griechisch: di = zwei, oicos = Haus). Es gibt sowohl weibliche als auch männliche Pflanzen.

Rostblättrige Alpenrose
Rhododendron ferrugineum

Bestimmungsmerkmale und Wuchsform
Heidegewächs; ausdauernd; 30–100 cm hoher, reich verzweigter, immergrüner Kleinstrauch; in Gruppen oder in großen Herden wachsend; Laubblätter an den Zweigenden gehäuft, ledrig, ganzrandig, am Rand nach unten umgerollt, mit kräftigem Mittelnerv, oberseits dunkelgrün, unterseits zuerst gelbgrün, später rostbraun, nicht bewimpert (keine abstehenden Haare am Blattrand); Blütenstand endständig, mit 6–12 Blüten; Blüten purpurrot.

Standortansprüche, Verbreitungsschwerpunkt und Reproduktion
Kommt auf Almen in den Zentralalpen häufig und weit verbreitet in der montanen, subalpinen und unteralpinen Stufe vor (bis ca. 2.500 m); wächst bevorzugt auf frischen, carbonatfreien, stark bis sehr stark sauren, nährstoffarmen Almböden (Ranker, Braunerde, Semipodsol, Podsol); oft mit Rohhumusauflage; kommt auch in den Kalkalpen vor, wenn die Pflanzenwurzeln durch einen sauren Boden (Kalkbraunlehm) oder eine saure Tangelhumusauflage vom carbonathaltigen Untergrund isoliert sind; besiedelt vor allem schneereiche Mulden und lange schneebedeckte, schattige Lagen; meidet windexponierte Standorte; sehr geringe Mahd-, Weide- und Trittverträglichkeit; vermehrt sich generativ mittels

Rostblättrige Alpenrose
(Rhododendron ferrugineum)

Samen und vegetativ durch Legtriebe (sich bewurzelnde Zweige).

Pflanzengesellschaft
Vor allem im Lärchen-Zirbenwald und Latschen-Gebüsch, in Silikat-Blockschutthalden und unternutzten Almweiden (Bürstlingsrasen), in Alpenrosenheiden bestandesbildend.

Zeigerwert
Zeigt bei hohem Deckungsgrad im Pflanzenbestand eine Unternutzung der Almweidefläche an (Unternutzungszeiger); kennzeichnet carbonatfreie, saure, nährstoffarme (stickstoffarme) Böden (Säurezeiger, Magerkeitszeiger).

Beeinflussung
Wird durch Aufgabe der Almbewirtschaftung und durch langjährige Unternutzung der Almweidefläche gefördert; kann durch Schwenden

mittels Freischneider (Motorsense) zurückgedrängt werden; Schwendmaßnahmen sind nur bei Änderung der Almbewirtschaftung (Erhöhung des Viehbesatzes, Koppelweidehaltung) nachhaltig erfolgreich.

Zweig mit unterseits rostbraunen Laubblättern und endständigem Blütenstand

Futterwert

Sehr geringer Futterwert; stark giftig (Blätter); von Rindern verschmäht; von Schafen und Ziegen gelegentlich gefressen; Platzräuber.

Besonderheit

Die Rostblättrige Alpenrose hat eine relativ geringe Kälteresistenz und Resistenz gegenüber Frosttrocknis und benötigt deshalb einen Schneeschutz im Winter. Die winzigen und sehr leichten Samen werden als Körnchenflieger mit dem Wind über große Distanzen verfrachtet (Fernausbreitung). Das Alter der Rostblättrigen Alpenrose kann 100 Jahre überschreiten. Die Pflanze verschlechtert den Almboden durch Bodenversauerung und Bildung von Rohhumus (Bodenverschlechterer, Rohhumusbildner). Bei starker Ausbreitung vermindert sich die Pflanzenvielfalt auf der Almweidefläche. Die Rostblättrige Alpenrose ist eine Zierpflanze in Gärten und Parks. Die abgeschnittenen Blütenzweige halten sich wochenlang in der Vase. Die Pflanze ist eine bedeutende Bienenweide (Alpenrosenhonig). Ein Pilz erzeugt anfangs gelblichweiße, später rote Wucherungen (Alpenrosen-Apfel).

Wissenswertes

Alpenrosenheiden über der Waldgrenze sind zum Großteil potenzielles Waldgebiet. Sie sind Lebensraum für das Birkhuhn. Die deutsche Artbezeichnung „Rostblättrig" und die lateinische Artbezeichnung „*ferrugineum*" leiten sich von der rostbraunen Blattunterseite ab.

Wimper-Alpenrose (**Rhododendron hirsutum**)

Wimper-Alpenrose
Rhododendron hirsutum

Bestimmungsmerkmale und Wuchsform
Heidegewächs; ausdauernd; 30–100 cm hoher, reich verzweigter, immergrüner Kleinstrauch; meist in Gruppen, selten in größeren Herden wachsend; Laubblätter an den Zweigenden gehäuft, ledrig, am Rand bewimpert (abstehende Haare am Blattrand) und etwas gekerbt, mit kräftigem Mittelnerv, oberseits hellgrün, unterseits mattgrün (niemals rostbraun); Blütenstand endständig, mit 3–10 Blüten; Blüten rosa bis hellrot, duftend.

Standortansprüche, Verbreitungsschwerpunkt und Reproduktion
Kommt auf Almen in den Kalkalpen häufig und weit verbreitet in der montanen, subalpinen und unteralpinen Stufe vor (bis ca. 2.500 m); wächst bevorzugt auf frischen, skelettreichen (steinigen), seichtgründigen, carbonathaltigen, schwach sauren bis schwach alkalischen, nährstoffarmen Almböden (Rendzina, Pararendzina) über Carbonatgestein (Kalkstein, Dolomit, Mergel, Marmor); oft mit Tangelhumusauflage; wächst bevorzugt in schneereichen Mulden und lange schneebedeckte, schattige Lagen; meidet windexponierte Standorte; sehr geringe Mahd-, Weide- und Trittverträglichkeit; vermehrt sich generativ mittels Samen (keine vegetativen Ausbreitungsorgane).

Pflanzengesellschaft
Vor allem im Lärchen- und Lärchen-Zirbenwald, im Latschen-Gebüsch, in Kalk-Blockschutthalden und unternutzten Almweiden (Blaugras-Horstseggenrasen, Rostseggenrasen), in Kalk-Zwergstrauchgesellschaften bestandesbildend.

Zeigerwert
Zeigt bei hohem Deckungsgrad im Pflanzenbestand eine Unternutzung der Almweidefläche an (Unternutzungszeiger); kennzeichnet carbonathaltige, nährstoffarme (stickstoffarme) Böden (Kalkzeiger, Magerkeitszeiger).

Beeinflussung
Wird durch Aufgabe der Almbewirtschaftung und durch langjährige Unternutzung der Almweidefläche gefördert; kann durch Schwenden mittels Freischneider (Motorsense) zurückgedrängt werden; Schwendmaßnahmen sind nur bei Änderung der Almbewirtschaftung

(Erhöhung des Viehbesatzes, Koppelweidehaltung) nachhaltig erfolgreich.

Futterwert

Sehr geringer Futterwert; soll ungiftig sein; von Rindern verschmäht; von Schafen und Ziegen gelegentlich gefressen; Platzräuber.

Besonderheit

Die Wimper-Alpenrose hat eine relativ geringe Kälteresistenz und Resistenz gegenüber Frosttrocknis und benötigt deshalb einen Schneeschutz im Winter. Die winzigen und sehr leichten Samen werden als Körnchenflieger mit dem Wind über große Distanzen verfrachtet (Fernausbreitung). Die Wimper-Alpenrose kann über 60 Jahre alt werden. Ein Pilz erzeugt anfangs gelblichweiße, später rote Wucherungen (Alpenrosen-Apfel). Die Wimper-Alpenrose verschlechtert den Almboden durch Bildung von saurem Tangelhumus (Bodenverschlechterer, Tangelhumusbildner). Bei starker Ausbreitung vermindert sich die Pflanzenvielfalt auf der Almweidefläche. Die Wimper-Alpenrose ist eine Zierpflanze in Gärten und Parks. Die abgeschnittenen Blütenzweige halten sich wochenlang in der Vase. Die Pflanze ist eine bedeutende Bienenweide (Alpenrosenhonig).

Wissenswertes

Die deutsche Artbezeichnung „Wimper-Alpenrose“ und die lateinische Artbezeichnung *„hirsutum“* leiten sich von den Wimperhaaren (abstehende Haare am Blattrand) ab. Bei „Almrausch“ bedeutet der zweite Wortbestandteil „niederes Gestrüpp, Busch“. Wo Wimper-Alpenrose und Rostblättrige Alpenrose gemeinsam vorkommen, gibt es Bastarde beider Arten *(Rhododendron x intermedium)*.

Blüte und Laubblätter der Wimper-Alpenrose mit Wimperhaaren

Besenheide
Calluna vulgaris

Bestimmungsmerkmale und Wuchsform
Heidegewächs; ausdauernd; niederliegender, reich verzweigter, immergrüner Zwergstrauch mit aufsteigenden Kriechtrieben; 10–40 cm hoch; meist gruppen- oder herdenweise wachsend; Laubblätter kahl, nach oben eingerollt, 1–3 mm lang und 0,5 mm breit, vierzeilig angeordnet und sich dachziegelartig überdeckend; zahlreiche Blüten in dichten, aufrechten, einseitswendigen Trauben; Blüten nickend, purpurrosa, sehr selten weiß; vier Kelchblätter, doppelt so lang wie die gleichfarbigen vier Kronblätter; Griffel aus der Krone herausragend; blüht je nach Höhenlage von August bis Oktober (Spätblüher).

Standortansprüche, Verbreitungsschwerpunkt und Reproduktion
Kommt auf Almen in den Zentralalpen häufig und weit verbreitet in der montanen, subalpinen und unteralpinen Stufe vor (bis ca. 2.500 m); wächst vor allem auf frischen, carbonatfreien, stark bis sehr stark sauren, nährstoffarmen Almböden (Ranker, Braunerde, Semipodsol); besiedelt früh schneefreie, südexponierte Hänge; erträgt keine lange Schneebedeckung; wächst auch auf windexponierten Standorten; sehr geringe Mahd-, Weide- und Trittverträglichkeit; vermehrt sich generativ mittels Samen, selten vegetativ durch unterirdische Kriechtriebe.

Besenheide (Calluna vulgaris)

Pflanzengesellschaft
Vor allem in Silikat-Magerrasen (Bürstlingsrasen), Zwergstrauchheiden (oft bestandesbildend), lichten Nadelwäldern, Übergangs- und Hochmooren.

Zeigerwert
Zeigt bei hohem Deckungsgrad im Pflanzenbestand eine Unternutzung der Almweidefläche an (Unternutzungszeiger); kennzeichnet carbonatfreie, saure, nährstoffarme (stickstoffarme) Böden (Säurezeiger, Magerkeitszeiger).

Beeinflussung
Wird durch Aufgabe der Almbewirtschaftung und durch langjährige Unternutzung der Almweidefläche gefördert; Regulierungsmaßnahmen: tiefe Mahd, stärkere Beweidung (Trittbelastung), Schlegeln, Düngung, Berieselung mit calciumreichem Wasser, Nachsaat mit

standortangepasstem Saatgut; Regulierungsmaßnahmen sind nur bei Änderung der Almbewirtschaftung (Erhöhung des Viehbesatzes, Koppelweidehaltung) nachhaltig erfolgreich.

Laubblätter und Blütenstand der Besenheide

Futterwert

Als Futter geringwertig; von Rindern verschmäht; von Schafen und Ziegen gelegentlich gefressen; Platzräuber.

Besonderheit

Die Besenheide verschlechtert den Almboden durch Bodenversauerung und Bildung von Rohhumus (Bodenverschlechterer, Rohhumusbildner). Bei starker Ausbreitung vermindert sich die Pflanzenvielfalt auf der Almweidefläche. Die Besenheide ist eine winterharte Zierpflanze in Parks und Gärten. Sie wird auch für die Grabbepflanzung im Herbst verwendet. Die Besenheide wächst wie alle Zwergsträucher sehr langsam und kann ca. 30 Jahre alt werden. Sie bildet zahlreiche, winzige und sehr leichte Samen (Körnchenflieger). Dadurch ist eine Samenausbreitung über große Distanzen (Fernausbreitung) möglich. Im Boden bleiben die Samen mehr als 100 Jahre keimfähig. Pflanzen, die viele kleine Samen produzieren, die mit dem Wind verbreitet werden, können rasch Vegetationslücken besiedeln. Die eingerollten, kleinen, immergrünen Laubblätter und die Langsamwüchsigkeit sind eine Anpassung an den Stickstoffmangel im Boden (Peinomorphose). Die Besenheide ist eine Färberpflanze (färbt Wolle gelb oder orangegelb) und Bienenweide. Sie ist eine Volksarzneipflanze (Harnwegsentzündung, Durchfall) und wird auch als homöopathisches Mittel verwendet.

Wissenswertes

Die Zweige der Besenheide dienten früher zur Herstellung von Kehrbesen. Der Name „Besenheide" leitet sich davon ab.

Schneeheide

Erica carnea

Schneeheide (Erica carnea)

Bestimmungsmerkmale und Wuchsform

Heidegewächs; ausdauernd; niederliegender, reich verzweigter, immergrüner Zwergstrauch mit dünnen, bogenförmig aufsteigenden Zweigen und unterirdischen Kriechtrieben; 10–30 cm hoch; meist gruppen- oder herdenweise wachsend; Laubblätter nadelförmig, spitz oder kurz stachelspitzig, oberseits glänzend dunkelgrün, kahl, abstehend, zu 3–4 in einem Quirl, 6–10 mm lang und etwa 1 mm breit; viele nickende Blüten in einseitswendiger, endständiger Traube; Krone fast doppelt so lang wie der Kelch; Staubbeutel braunrot, aus der Krone herausragend; Blüten rosa bis rot, sehr selten weiß; blüht je nach Höhenlage von Februar bis Juni (Frühblüher).

Standortansprüche, Verbreitungsschwerpunkt und Reproduktion

Kommt auf Almen in den Kalkalpen häufig und weit verbreitet in der montanen, subalpinen und unteralpinen Stufe vor (bis ca. 2.500 m); wächst vor allem auf frischen oder halbtrockenen, skelettreichen (steinigen), seichtgründigen, carbonathaltigen, schwach sauren bis schwach alkalischen, nährstoffarmen Almböden (Rendsina, Pararendsina) über Carbonatgestein (Kalkstein, Dolomit, Mergel, Marmor); besiedelt früh schneefreie, südexponierte Hänge; sehr geringe Mahd-, Weide- und Trittverträglichkeit; vermehrt sich generativ mittels Samen und vegetativ durch unterirdische Kriechtriebe.

Pflanzengesellschaft

Vor allem in Föhrenwäldern, Kalk-Zwergstrauchgesellschaften, Kalk-Magerrasen (Blaugras-Horstseggenrasen) und im Latschen-Gebüsch.

Zeigerwert

Zeigt bei hohem Deckungsgrad im Pflanzenbestand eine Unternutzung der Almweidefläche an (Unternutzungszeiger); kennzeichnet carbonathaltige, nährstoffarme (stickstoffarme) Böden (Kalkzeiger, Magerkeitszeiger).

Beeinflussung

Wird durch Aufgabe der Almbewirtschaftung und durch langjährige Unternutzung der Almweidefläche gefördert; Regulierungsmaßnahmen: tiefe Mahd, stärkere Beweidung (Trittbelastung), Schlegeln, Düngung, Nachsaat mit standortangepasstem Saatgut; Regulierungsmaßnahmen sind nur bei Änderung der

Blütenstand

Almbewirtschaftung (Erhöhung des Viehbesatzes, Koppelweidehaltung) nachhaltig erfolgreich.

Futterwert

Als Futter geringwertig; von Rindern verschmäht; von Schafen und Ziegen gelegentlich gefressen; Platzräuber.

Laubblätter der Schneeheide

Besonderheit

Die Schneeheide verschlechtert den Almboden durch Bildung von Tangelhumus (Bodenverschlechterer, Tangelhumusbildner). Bei starker Ausbreitung vermindert sich die Pflanzenvielfalt auf der Almweidefläche. Die Schneeheide ist eine winterharte Zierpflanze in Parks und Gärten. Sie wird auch für die Grabbepflanzung im Frühling verwendet. Die Schneeheide wächst relativ langsam und erreicht ein Hochstalter von 30 Jahren. Wie alle Heidegewächse lebt sie in Symbiose mit einem Wurzelpilz vom Typ der „Ericaceen-Mykorrhiza". Dadurch kann die Schneeheide nährstoffarme, insbesondere stickstoffarme, Böden besiedeln. Der Pilz kann organisches Material im Boden abbauen. Er liefert Nährstoffe und bekommt dafür Kohlenhydrate von der Wirtspflanze (Symbiose). Die Laubblätter sind bei der Schneeheide immergrün, nadelförmig und der Blattrand ist stark umgerollt. Dies sind wichtige Anpassungen an den Nährelementmangel (insbesondere Stickstoffmangel) im Boden (Peinomorphose). Die Schneeheide ist eine bedeutende Bienenweide im Frühling (Frühlingshonig).

Wissenswertes

Zwerg- und Kleinsträucher besiedeln Almstandorte mit niedrigem Gehalt an pflanzenverfügbarem Stickstoff im Boden. Sie werden bei Stickstoffzufuhr (Düngung) von Gräsern verdrängt und durch zu frühen Austrieb geschädigt (Spätfrostschäden).

Heidelbeere

Vaccinium myrtillus

Laubblätter und reife Beeren der Heidelbeere (Vaccinium myrtillus)

Bestimmungsmerkmale und Wuchsform

Heidegewächs; ausdauernd; bis 50 cm hoch; sommergrüner, stark verzweigter, kahler Zwergstrauch mit unterirdischen Kriechtrieben; in Gruppen oder in großen Herden wachsend; junge Zweige grün, kantig; Laubblätter 1–3 cm lang, eiförmig, spitz, fein gesägt bis gezähnt, beiderseits grün; Blüten einzeln, nickend, blassrosa; Frucht ist eine kugelige, vielsamige, blauschwarze, wohlschmeckende Beere; Fruchtfleisch und Saft rotviolett.

Standortansprüche, Verbreitungsschwerpunkt und Reproduktion

Kommt auf Almen in den Zentralalpen häufig und weit verbreitet in der montanen, subalpinen und unteralpinen Stufe vor (bis ca. 2.500 m); wächst bevorzugt auf frischen, carbonatfreien, stark bis sehr stark sauren, nährstoffarmen Böden (Ranker, Braunerde, Semipodsol); kommt auch in den Kalkalpen vor, wenn die Pflanzenwurzeln durch einen sauren Boden (Kalkbraunlehm) oder durch eine saure Humusauflage vom carbonathaltigen Untergrund isoliert sind; spätfrostempfindlich; schneeschutzbedürftig; toleriert mäßige Beschattung (Halbschattenpflanze); sehr geringe Mahd-, Weide- und Trittverträglichkeit; vermehrt sich generativ mittels Samen und vegetativ durch unterirdische Kriechtriebe.

Pflanzengesellschaft

Vor allem in lichten Nadelwäldern, auf Waldschlägen, in Zwergstrauchheiden, im Latschen-Gebüsch und auf unternutzten Almweiden (Bürstlingsrasen).

Zeigerwert

Zeigt bei hohem Deckungsgrad im Pflanzenbestand eine Unternutzung der Almweidefläche an (Unternutzungszeiger); kennzeichnet carbonatfreie, saure, nährstoffarme (stickstoffarme) Böden (Säurezeiger, Magerkeitszeiger).

Beeinflussung

Wird durch Aufgabe der Almbewirtschaftung und durch langjährige Unternutzung der Almweidefläche gefördert; Regulierungsmaßnahmen: Ausreißen,

kantiger Zweig mit Laubblättern

Abhacken, Fräsen, tiefe Mahd, stärkere Beweidung (Trittbelastung), Düngung, Nachsaat mit standortangepasstem Saatgut; Regulierungsmaßnahmen sind nur bei Änderung der Almbewirtschaftung (Erhöhung des Viehbesatzes, Koppelweidehaltung) nachhaltig erfolgreich.

Heidelbeere mit leuchtend roter Herbstfärbung

Futterwert

Als Futter geringwertig; vom Almvieh gefressen; Nahrung für zahlreiche Wildtiere (insbesondere Auerhuhn, Birkhuhn); Platzräuber.

Besonderheit

Die Heidelbeere ist ein Rutenstrauch. Die wintergrünen Zweige können assimilieren. Die Pflanze bildet eine mittellebige Diasporenbank im Boden (5–20 Jahre) und kann bis 30 Jahre alt werden. Im Herbst färben sich die Heidelbeerblätter leuchtend rot. Die Heidelbeere verschlechtert den Almboden durch Bodenversauerung und Bildung von Rohhumus (Bodenverschlechterer, Rohhumusbildner). Die Heidelbeere ist ein gesundes, wohlschmeckendes und vielseitig verwendbares Wildobst. Sie zählt zu den Arzneipflanzen (Durchfallerkrankungen, Entzündungen der Mund- und Rachenschleimhaut, Magen- und Darmgeschwüre). Heidelbeeren werden auch in der Tiermedizin bei Durchfallerkrankungen und Entzündungen der Maul- und Rachenschleimhaut eingesetzt. Die Heidelbeere ist eine Färberpflanze (färbt Wolle violett, blauviolett oder blauschwarz) und Bienenweidepflanze.

Verwechslungsmöglichkeit

Kultur-Heidelbeere *(Vaccinium angustifolium x Vaccinium corymbosum)*: 100–200 cm hoch; Blüten in hängenden Trauben, Laubblätter 3–7 cm lang; weißliches Fruchtfleisch.

Alpen-Nebelbeere

Vaccinium uliginosum ssp. microphyllum = V. gaultherioides

Blattoberseite und runde, braune Zweige der Alpen-Nebelbeere (**Vaccinium uliginosum ssp. microphyllum**)

Bestimmungsmerkmale und Wuchsform

Heidegewächs; ausdauernd; 5–15 cm hoch; sommergrüner, stark verzweigter, kahler Zwergstrauch mit unterirdischen Kriechtrieben; meist gruppen- oder herdenweise wachsend; Zweige braun, rund; Laubblätter eiförmig, ganzrandig, oberseits blaugrün, unterseits graugrün und deutlich netzaderig; Blütenstiel meist 1–3 mm lang, kürzer als die Blüte; 1–2 nickende, weiße bis rötliche Blüten; Frucht eine kugelige bis birnenförmige, vielsamige, blaue Beere mit fadem Geschmack; Fruchtfleisch weißlich, Saft farblos.

Standortansprüche, Verbreitungsschwerpunkt und Reproduktion

Kommt auf Almen in den Zentralalpen häufig und weit verbreitet in der montanen, subalpinen und unteralpinen Stufe vor (bis ca. 2.500 m); wächst vor allem auf frischen, carbonatfreien, stark bis sehr stark sauren, nährstoffarmen Böden (Ranker, Braunerde, Semipodsol); wenig schneeschutzbedürftig; frosthärter als die Heidelbeere; besiedelt auch windexponierte Standorte; sehr geringe Mahd-, Weide- und Trittverträglichkeit; vermehrt sich generativ mittels Samen und vegetativ durch unterirdische Kriechtriebe.

Pflanzengesellschaft

Vor allem in Zwergstrauchheiden (oft zusammen mit der Heidelbeere) und unternutzten Almweiden (Bürstlingsrasen).

Zeigerwert

Zeigt bei hohem Deckungsgrad im Pflanzenbestand eine Unternutzung der Almweidefläche an (Unternutzungszeiger); kennzeichnet carbonatfreie, saure, nährstoffarme (stickstoffarme) Böden (Säurezeiger, Magerkeitszeiger).

Reife Beeren

Beeinflussung

Wird durch Aufgabe der Almbewirtschaftung und durch langjährige Unternutzung der Almweidefläche gefördert; Regulierungsmaßnahmen: Ausreißen, Abhacken, Fräsen, tiefe Mahd, stärkere Beweidung (Trittbelastung), Düngung, Nachsaat mit standortangepasstem Saatgut; Regulierungsmaßnahmen sind nur bei Änderung der Almbewirtschaftung (Erhöhung des Viehbesatzes, Koppelweidehaltung) nachhaltig erfolgreich.

Futterwert

Als Futter geringwertig; vom Almvieh gefressen; Nahrung für Wildtiere; Platzräuber.

Blattunterseite und runder, brauner Zweig der Alpen-Nebelbeere

Besonderheit

Die Alpen-Nebelbeere kann über 50 Jahre alt werden. Sie zählt zu den Zwergsträuchern mit Rotfärbung der Laubblätter im Herbst. Die rote Farbe wird durch wasserlösliche Anthocyane (rote und blaue Farbstoffe) hervorgerufen.

Wissenswertes

Die Beeren sind ungiftig und somit essbar. Von übermäßigem Verzehr wird allerdings abgeraten (Pilzbefall).

Verwechslungsmöglichkeit

Moor-Nebelbeere *(Vaccinium uliginosum ssp. uliginosum)*: wächst bevorzugt in Hochmooren; Blütenstiel meist 3–10 mm lang, so lang oder etwas länger als die Blüte.

Waldstein-Weide
Salix waldsteiniana

Bestimmungsmerkmale und Wuchsform
Weidengewächs; ausdauernd; 30–150 cm hoher, sommergrüner Kleinstrauch; meist in größeren Gruppen wachsend; junge Triebe gelbbraun, dicht behaart; ältere Zweige graubraun bis rotbraun, kahl, schwach glänzend, mit hellen Korkwarzen; Holz ohne Längsrippen (Rinde abheben); Laubblätter 2–5 cm lang, verkehrteiförmig oder eilanzettlich, zwei- bis dreimal so lang wie breit, größte Breite oberhalb der Mitte, oberseits sattgrün und glänzend, unterseits bläulich-grün und glanzlos, an der Mittelrippe gelegentlich schwach behaart; Laubblattrand fein gesägt, mit kleinen, dunklen Drüsen; Nebenblätter fehlen häufig; Blüten (Kätzchen) erscheinen vor oder während des Laubaustriebes.

Standortansprüche, Verbreitungsschwerpunkt und Reproduktion
Kommt auf Almen häufig und weit verbreitet in der subalpinen und unteralpinen Stufe vor (bis ca. 2.400 m); wächst vor allem auf frischen, carbonathaltigen, mäßig sauren, nährstoffarmen Almböden; bevorzugt lange schneebedeckte Nordhänge; sehr geringe Mahd-, Weide- und Trittverträglichkeit; vermehrt sich generativ mittels Samen und vegetativ durch Legtriebe (sich bewurzelnde Zweige).

Waldstein-Weide (Salix waldsteiniana)

Pflanzengesellschaft
Vor allem im Grün-Erlen- und Latschen-Gebüsch, in Kalk-Zwergstrauchgesellschaften, Hochstaudenfluren, Rostseggenrasen und auf unternutzten Almweiden.

Zeigerwert
Zeigt eine Unternutzung der Almweidefläche an (Unternutzungszeiger).

Beeinflussung
Wird durch Aufgabe der Almbewirtschaftung oder langjährige Unternutzung der Almweidefläche sowie durch Vegetationslücken (offene Bodenstellen) gefördert (Pionierpflanze); kann durch Schwenden und Beweidung mit Ziegen zurückgedrängt werden.

Futterwert
Als Futter geringwertig; Jungpflanzen vom Almvieh gefressen; Ziegen und Schafe fressen Weidenblätter; Platzräuber.

Blütenstand (Kätzchen)

Besonderheit

Das Schwenden muss bei allen Weidenarten regelmäßig wiederholt werden (alle 3–5 Jahre), um einen Wiederaustrieb durch Stockausschlag zu verhindern. Schwendmaßnahmen sind nur bei Änderung der Almbewirtschaftung nachhaltig erfolgreich (Erhöhung des Viehbesatzes, Koppelweidehaltung). Weiden sind zweihäusig. Männliche und weibliche Blüten befinden sich auf verschiedenen Pflanzen. Männliche Blüten haben Staubfäden mit Staubbeuteln, weibliche Blüten besitzen einen Fruchtknoten mit Griffel und Narbe. Weidensamen sind die kleinsten einheimischen Gehölzsamen. Weiden zählen zu den Schirmchenfliegern. Ihre Diasporen werden kilometerweit mit dem Wind verbreitet (Fernausbreitung). Die Diasporen der Waldstein-Weide werden wie kleine Wattebällchen vom Wind fortgeweht. Weiden sind Pionierpflanzen. Sie benötigen für die generative Vermehrung offene Bodenstellen und können Vegetationslücken rasch besiedeln. Die Waldstein-Weide kann unterhalb der Baumgrenze Reinbestände bilden (Weiden-Gebüsch).
Alle Weidenarten enthalten in ihrer Rinde Salicylsäure, allerdings mit unterschiedlichem Gesamtsalicingehalt. Salicylsäure ist ein chemischer Stoff mit fiebersenkender, schmerzlindernder und entzündungshemmender Wirkung (Wirkstoff im Aspirin). Weidenrinde ist Bestandteil einiger Teemischungen (Rheuma und Erkältungstees). Sie wird in der Human- und Tiermedizin vielseitig angewendet.

Blattoberseite (li) und Blattunterseite (re)

Wissenswertes

Die Waldstein-Weide ist die häufigste Weidenart auf österreichischen Almen.

Verwechslungsmöglichkeit

Glanz-Weide (*Salix glabra*): junge Triebe kahl; Laubblätter völlig kahl.

Bergfarn

Thelypteris limbosperma

Bergfarn (Thelypteris limbosperma)

Bestimmungsmerkmale und Wuchsform

Sumpffarngewächs; ausdauernd; 30–100 cm hoch; in Gruppen oder in großen Herden wachsend; Wurzelstock dick und kurz; Wedel in trichterförmiger Rosette angeordnet; Laubblätter sommergrün, doppelt gefiedert, unterste Fieder nur 1-2 cm lang; Blattspreite im Umriss lanzettlich; Fiederchen ganzrandig; Blattunterseite dicht drüsenhaarig; Laubblätter riechen beim Zerreiben nach Zitrone; Blattstiel relativ kurz, nur wenig mit bräunlichen Spreuschuppen besetzt; Sori rundlich, am Blattrand.

Standortansprüche, Verbreitungsschwerpunkt und Reproduktion

Kommt auf Almen häufig und weit verbreitet in der montanen und subalpinen Stufe vor (bis ca. 2.000 m); wächst bevorzugt auf frischen, carbonatfreien, mäßig bis stark sauren, nährstoffarmen Almböden; Schattenpflanze; frostempfindlich; trockenheitsempfindlich; sehr geringe Mahd-, Weide- und Trittverträglichkeit; vermehrt sich durch Windausbreitung der Sporen (Körnchenflieger); keine vegetativen Ausbreitungsorgane.

Pflanzengesellschaft

Vor allem in unternutzten oder brachgefallenen Almweiden (insbesondere Bürstlingsrasen), Hochstaudenfluren, Bergmischwäldern und im Grün-Erlen-Gebüsch.

Zeigerwert

Zeigt eine Unternutzung der Almweidefläche an (Unternutzungszeiger); kennzeichnet gut mit Wasser versorgte, carbonatfreie, saure, nährstoffarme Almböden (Säurezeiger, Magerkeitszeiger).

Beeinflussung

Wird durch Aufgabe der Almbewirtschaftung und durch langjährige Unternutzung der Almweidefläche gefördert; kann durch Ausreißen, Ausstechen oder wiederholtes Abschlagen der Wedel sowie durch mehrmalige Mahd pro Jahr oder intensive frühe Beweidung (Trittbelastung) zurückgedrängt werden.

Blattunterseite

Bergfarn im Herbst nach dem ersten Frost

ZEIGERPFLANZEN

UNTERNUTZUNGSZEIGER

Futterwert

Als Futter geringwertig; vor allem ältere Pflanzen von Rindern gemieden; Jungpflanzen von Ziegen gefressen; Platzräuber.

Besonderheit

Der Bergfarn kann als Einstreu in Viehställen verwendet werden. Seine Blätter sterben im Herbst nach dem ersten Frost ab und verfärben sich dabei dunkelbraun.

Wissenswertes

Der Bergfarn ist der häufigste Farn auf österreichischen Almen. Farne sind Sporenpflanzen. An der Blattunterseite befinden sich Sporenbehälter (Sori), die bis zu 500 Sporen enthalten. Bei der Sporenreife werden die winzigen Sporen herausgeschleudert und mit dem Wind über große Distanzen verfrachtet (Fernausbreitung). Die Sporen keimen an offenen Bodenstellen (Lücken in der Grasnarbe).

Verwechslungsmöglichkeit

Gebirgs-Frauenfarn *(Athyrium distentifolium)*: Fiederchen am Rand scharf gesägt; Sori auf der Blattfläche; Blätter ohne Zitronengeruch. Echter Wurmfarn *(Dryopteris filix-mas)*: Fiederchen am Rand gesägt; Sori auf der Blattfläche; Blätter ohne Zitronengeruch; Blattstiel relativ lang, dicht mit bräunlichen Spreuschuppen besetzt.

Adlerfarn

Pteridium aquilinum

Adlerfarn (**Pteridium aquilinum**)

Bestimmungsmerkmale und Wuchsform

Adlerfarngewächs; ausdauernd; bis 2 m hoch; mit langen, unterirdischen Kriechsprossen (Rhizome) in 10–20 cm Bodentiefe; in Gruppen oder in großen Herden wachsend; Wedel einzeln, lang gestielt, sommergrün, dreifach gefiedert; Blattunterseite behaart; Blattspreite im Umriss dreieckig; Spindel behaart; Blattrand bewimpert und zurückgerollt; Fiederchen ganzrandig; Sori vom zurückgerollten Blattrand bedeckt.

Standortansprüche, Verbreitungsschwerpunkt und Reproduktion

Kommt auf Almen häufig und weit verbreitet in der montanen und subalpinen Stufe vor (bis ca. 1.800 m); wächst bevorzugt auf frischen, carbonatfreien, mäßig bis stark sauren, nährstoffarmen Almböden; kommt auch im Kalkgebiet vor, wenn die Pflanzenwurzeln durch einen sauren Boden (Kalkbraunlehm) vom carbonathaltigen Untergrund isoliert sind; frostempfindlich; feuerresistent; toleriert mäßige Beschattung (Halbschattenpflanze); geringe Mahd-, Weide- und Trittverträglichkeit; vermehrt sich durch Windausbreitung der Sporen (Körnchenflieger), insbesondere vegetativ mittels Rhizom.

Pflanzengesellschaft

Vor allem in unternutzten oder brachgefallenen Almweiden (insbesondere Bürstlingsrasen), in lichten Wäldern, an Waldrändern und auf Waldschlägen.

Zeigerwert

Zeigt eine Unternutzung der Almweidefläche an (Unternutzungszeiger); kennzeichnet carbonatfreie, saure, nährstoffarme Böden (Säurezeiger, Magerkeitszeiger).

Beeinflussung

Wird durch Aufgabe der Almbewirtschaftung und durch langjährige Unternutzung der Almweidefläche gefördert; kann durch Ausreißen (Handschuhe verwenden), Ausstechen oder wiederholtes Abschlagen der Wedel sowie durch mehrmalige Mahd (drei- bis viermal) pro Jahr oder intensive frühe Beweidung (Trittbelastung) zurückge-

Blattunterseite

drängt werden; Regulierungsmaßnahmen müssen über mehrere Jahre durchgeführt werden.

Futterwert

Sehr geringer Futterwert; Laubblätter sind frisch und getrocknet giftig; von Rindern gemieden; Jungpflanzen von Ziegen gefressen; Platzräuber.

Besonderheit

Die unterirdischen Kriechsprosse vom Adlerfarn wachsen durchschnittlich 2 m pro Jahr. Dadurch kann sich der Adlerfarn bei geeigneten Standortbedingungen rasch und flächenhaft ausbreiten und sehr artenarme Pflanzenbestände bilden. Er verdrängt wertvolle Futterpflanzen durch Beschattung sowie durch Ausscheidung von allelopathischen Stoffen. Die Keimung anderer Pflanzen wird dadurch gehemmt. Adlerfarnblätter weisen im Herbst vor dem Absterben eine schöne Gelbfärbung auf. Adlerfarnbestände können eine Zufluchtsstätte für große Säugetiere sein. Der Adlerfarn ist der größte heimische Farn.
Er zählt zu den Giftpflanzen. Wenn Weidetiere Adlerfarn fressen, sind die Giftstoffe auch noch in der Milch enthalten. Er kann bei Mensch und Tier Blasenkrebs auslösen.

Wissenswertes

Der Adlerfarn wurde früher als Einstreumaterial in Viehställen verwendet („Streufarn"). Rhizompflanzen wie der Adlerfarn treten immer in Gruppen auf.

Blattteil von Adlerfarn mit Herbstfärbung

ZEIGERPFLANZEN

UNTERNUTZUNGSZEIGER

Wald-Frauenfarn

Athyrium filix-femina

Wald-Frauenfarn (Athyrium filix-femina)

Bestimmungsmerkmale und Wuchsform

Wurmfarngewächs; ausdauernd; 30–150 cm hoch; einzeln oder in kleinen Gruppen wachsend; Wurzelstock dick und kurz; Wedel in trichterförmiger Rosette angeordnet; Laubblätter sommergrün, nicht ledrig, zwei- bis dreifach gefiedert; Blattspreite im Umriss lanzettlich; Hauptfieder und Fieder 2. Ordnung wechselständig; Fiederchen gesägt, Sägezähne mit stacheliger Spitze; Blattoberseite hellgrün; Blattstiel am Grunde stark verbreitet und verdickt, dunkelbraun bis schwarz, dicht mit langen, lanzettlichen, dunkelbraunen Spreuschuppen bedeckt; Spindel unterseits spärlich mit Spreuschuppen besetzt; Sori länglich oder hufeisenförmig, nahe am Mittelnerv des Fiederchens; Schleier zur Zeit der Sporenreife meist noch vorhanden.

Standortansprüche, Verbreitungsschwerpunkt und Reproduktion

Kommt auf Almen in der montanen und subalpinen Stufe (bis ca. 2.200 m) mäßig häufig vor; wächst vor allem auf frischen, carbonatfreien, mäßig sauren, nährstoffarmen Almböden; Schattenpflanze; besiedelt auf Almen vor allem schattige Standorte und nordexponierte Hänge; trockenheitsempfindlich; sehr geringe Mahd-, Weide- und Trittverträglichkeit; vermehrt sich durch Windausbreitung der Sporen (Körnchenflieger); keine vegetativen Ausbreitungsorgane.

Pflanzengesellschaft

Vor allem in Laub-, Nadel- und Mischwäldern, auch auf Waldschlägen; im Grün-Erlen-Gebüsch, Hochstaudenfluren und auf unternutzten Almweiden.

Zeigerwert

Zeigt eine Unternutzung der Almweidefläche an (Unternutzungszeiger); kennzeichnet gut mit Wasser versorgte Almböden.

Beeinflussung

Wird durch langjährige Unternutzung der Almweidefläche gefördert; kann durch Ausreißen, Ausstechen oder

wiederholtes Abschlagen der Wedel sowie durch mehrmalige Mahd pro Jahr oder intensive frühe Beweidung (Trittbelastung) zurückgedrängt werden.

Futterwert
Als Futter geringwertig; vor allem ältere Pflanzen von Rindern gemieden; Jungpflanzen von Ziegen gefressen.

Besonderheit
Der Wald-Frauenfarn wird in zahlreichen Sorten als winterharte, schattentolerante Zierpflanze in Gärten und Parks angepflanzt. Eine ausgewachsene Pflanze produziert jährlich 20–80 Millionen Sporen.

Wissenswertes
Der Wald-Frauenfarn zählt zu den häufigsten einheimischen Waldfarnen. Er wächst in den Tal- und Beckenlagen wegen seiner hohen Ansprüche an Bodenfeuchte bevorzugt im Wald. Im kühlen, niederschlagsreichen Berggebiet hingegen kommt er auch im Offenland (auf Almflächen) relativ häufig vor. Der Wald-Frauenfarn wurde früher in Almhütten zum Vertreiben der Flöhe verwendet.

Verwechslungsmöglichkeit
Gebirgs-Frauenfarn *(Athyrium distentifolium)*: Sori rundlich; Schleier frühzeitig abfallend; Blattoberseite dunkelgrün, unterseits heller; wächst vor allem in Hochstaudenfluren sowie im Grün-Erlen- und Latschen-Gebüsch.

Blattunterseite von Wald-Frauenfarn mit Fiederchen, Spreuschuppen auf der Spindel und hufeisenförmigen, schleierbedeckten Sori

Echter Wurmfarn

Dryopteris filix-mas

Bestimmungsmerkmale und Wuchsform

Wurmfarngewächs; ausdauernd; 30–140 cm hoch; einzeln oder in kleinen Gruppen wachsend; Wurzelstock dick und kurz; Wedel in trichterförmiger Rosette angeordnet; Laubblätter teilweise wintergrün, nicht ledrig, zweifach gefiedert; Blattspreite im Umriss lanzettlich; Hauptfieder wechselständig; Fiederchen gekerbt-gesägt, Kerbzähne nie mit stacheliger Spitze; Blattoberseite dunkelgrün, kahl, unterseits heller; Spindel der Hauptfieder am Grunde auch unterseits blass-grünlich (ohne violett-schwarze Färbung); Spindel und Blattstiel mit einfarbigen, gelbbraunen Spreuschuppen besetzt; Sori rundlich, zweireihig, nahe am Mittelnerv des Fiederchens; Schleier nierenförmig, frühzeitig abfallend.

Standortansprüche, Verbreitungsschwerpunkt und Reproduktion

Kommt auf Almen in der montanen und subalpinen Stufe (bis ca. 2.000 m) vereinzelt vor; wächst vor allem auf frischen, carbonatfreien, schwach bis mäßig sauren, nährstoffarmen Almböden; Schattenpflanze; besiedelt auf Almen vor allem schattige Standorte und nordexponierte Hänge; trockenheitsempfindlich; sehr geringe Mahd-, Weide- und Trittverträglichkeit; vermehrt sich durch Windausbreitung der Sporen (Körnchenflieger); keine vegetativen Ausbreitungsorgane.

Echter Wurmfarn (**Dryopteris filix-mas**)

Pflanzengesellschaft

Vor allem in Laub-, Nadel- und Mischwäldern, auch auf Waldschlägen, in Gebüschen, Hochstaudenfluren und auf unternutzten Almweiden.

Zeigerwert

Zeigt eine Unternutzung der Almweidefläche an (Unternutzungszeiger); kennzeichnet gut mit Wasser versorgte Almböden.

Beeinflussung

Wird durch langjährige Unternutzung der Almweidefläche gefördert; kann

durch Ausreißen, Ausstechen oder wiederholtes Abschlagen der Wedel sowie durch mehrmalige Mahd pro Jahr oder intensive frühe Beweidung (Trittbelastung) zurückgedrängt werden.

Futterwert

Sehr geringer Futterwert; Wurzelstock, Blattstiel und vor allem junge Pflanzen sind giftig; von Rindern gemieden; Jungpflanzen von Ziegen gefressen.

Besonderheit

Der Echte Wurmfarn wird in zahlreichen Sorten als winterharte, schattentolerante Zierpflanze in Gärten und Parks angepflanzt. Beim Echten Wurmfarn und vielen anderen großblättrigen Farnarten bilden die Wedel im Frühling im eingerollten Zustand auffällige „Bischofsstäbe".

Wissenswertes

Der Echte Wurmfarn zählt zu den häufigsten einheimischen Waldfarnen. Er hat seinen Verbreitungsschwerpunkt im Wald. Der getrocknete und gemahlene Wurzelstock wurde früher in der Tiermedizin zur Entwurmung eingesetzt.

Verwechslungsmöglichkeit

Dichtschuppiger Wurmfarn *(Dryopteris affinis)*: Spindel der Hauptfieder unterseits am Grunde violett-schwarz gefärbt; Spreuschuppen an Blattstiel und Spindel zweifarbig (blass- bis kastanienbraun mit dunkelbraunem Grund).

Blattunterseite mit Fiederchen, Spreuschuppen auf der Spindel und rundlichen Sori

Läger-Rispengras
Poa supina

Übernutzte Almweide mit Kriechrasen und „Grasleichen" von Läger-Rispengras (Poa supina)

VERDICHTUNGS- & ÜBERNUTZUNGSZEIGER

ZEIGERPFLANZEN

Bestimmungsmerkmale und Wuchsform

Ausdauerndes, wintergrünes Süßgras; mit unterirdischen Ausläufern und oberirdischen Kriechtrieben (Ausläufergras); rasenbildend; 5–25 cm hoch; Laubblätter 2–3 mm breit, kahl, mit Doppelrille („Schispur"); Blatthäutchen 0,8–2 mm lang, von der Seite kaum sichtbar; meist nur ein unterster Rispenast, nach der Blüte abwärtsgerichtet; Staubbeutel 1,5–2,5 mm lang; Ährchen meist dunkelbraunviolett überlaufen.

Standortansprüche, Verbreitungsschwerpunkt und Reproduktion

Kommt auf Almen häufig und weit verbreitet in der montanen, subalpinen und alpinen Stufe vor (bis ca. 2.300 m); wächst bevorzugt auf frischen oder krumenwechselfeuchten (verdichteten), nährstoffreichen, mäßig sauren Almböden; sehr gute Mahd-, Weide- und Trittverträglichkeit; vermehrt sich generativ mittels Samen und vegetativ durch unterirdische Ausläufer und oberirdische Kriechtriebe.

Pflanzengesellschaft

Vor allem in Trittrasen, Lägerfluren und übernutzten Bergfettweiden (Gold-Pippau-Kammgrasweide, Milchkrautweide), um Almhütten, Viehställe und Viehtränken, beim Koppeleingang.

Zeigerwert

Zeigt nährstoffreichen, stark verdichteten Almboden an (Bodenverdichtungszeiger); kennzeichnet bei hohem Deckungsgrad im Pflanzenbestand übernutzte Almweiden (Übernutzungszeiger).

Beeinflussung

Wird durch häufigen Tritt, intensive Beweidung und Lücken in der Grasnarbe gefördert (Trittpflanze, Pionierpflanze); kann durch Verminderung der Trittbelastung und Verringerung der Weideintensität zurückgedrängt werden; höherwüchsige Konkurrenten aufwachsen lassen (Verdrängung durch Beschattung).

Blütenstand von Läger-Rispengras

Futterwert

Als Futter mittelwertig; liefert wenig Ertrag (Ausläufer- und Kriechpflanze); Platzräuber.

Besonderheit

Das Läger-Rispengras breitet sich mit seinen oberirdischen Kriechtrieben rasch aus und bildet hellgrüne, artenarme, dichte Kriechrasen auf stark betretenen Flächen oder übernutzten Almweiden. Die Pflanze lässt sich wegen der schwachen Bewurzelung leicht ausreißen. Daher findet man auf intensiv genutzten Almweiden häufig ausgerissene und vertrocknete „Grasleichen" vom Läger-Rispengras.

Wissenswertes

Pflanzen, die einen großen Teil ihrer assimilierenden Biomasse in Bodennähe konzentrieren (Ausläufer- und Kriechpflanzen, Rosettenpflanzen) profitieren meist von einer intensiven Beweidung. Sie gelten als unerwünschte Arten, weil sie wenig Ertrag liefern und als „Platzräuber" den Wuchsraum für hochwertige Futterpflanzen vermindern.

Verwechslungsmöglichkeit

Einjähriges Rispengras *(Poa annua)*: Pflanze ohne Ausläufer, Wuchs daher lockerhorstig; Blatthäutchen 2–4 mm lang, an der Blattscheide herablaufend und daher von der Seite sichtbar; meist zwei waagrecht abstehende unterste Rispenäste; Staubbeutel 0,6–1 mm lang.

Breitwegerich

Plantago major ssp. major

Breitwegerich (Plantago major ssp. major)

Bestimmungsmerkmale und Wuchsform

Wegerichgewächs; ausdauernd; teilweise wintergrün; mit kurzem Rhizom; 5–40 cm hoch; einzeln oder in kleinen Gruppen wachsend; Ährenstiel meist aufrecht, rund, so lang oder etwas kürzer als die Rosettenblätter und höchstens zweimal so lang wie die Blütenähre; alle Laubblätter in grundständiger Rosette, breit-eiförmig, mit 5–9 deutlichen Längsnerven, meist ganzrandig, manchmal auch schwach gezähnt, fast kahl, deutlich gestielt; Blütenähre 2–10 cm lang; Blüten klein, zahlreich, gelblich-weiß, geruchlos; Staubfäden grünlich, rotbraun bis weißlich; Staubblätter zuerst blasslila, später braungelb.

Standortansprüche, Verbreitungsschwerpunkt und Reproduktion

Kommt auf Almen häufig und weit verbreitet in der montanen, subalpinen und unteralpinen Stufe vor (bis ca. 2.100 m); wächst bevorzugt auf frischen oder krumenwechselfeuchten (verdichteten), nährstoffreichen, mäßig sauren Almböden; sehr gute Mahd-, Weide- und Trittverträglichkeit; vermehrt sich generativ mittels Samen, selten vegetativ durch Rhizom.

Pflanzengesellschaft

Vor allem in Trittrasen, Lägerfluren und übernutzten Bergfettweiden (Gold-Pippau-Kammgrasweide, Milchkrautweide), um Almhütten, Viehställe und Viehtränken, beim Koppeleingang.

Zeigerwert

Zeigt nährstoffreichen, stark verdichteten Almboden an (Bodenverdichtungszeiger).

Beeinflussung

Wird durch häufigen Tritt, intensive Beweidung und Lücken in der Grasnarbe gefördert (Trittpflanze, Pionierpflanze); kann durch Verminderung der Trittbelastung, Verringerung der Weideintensität und Schaffung einer dichten, geschlossenen Grasnarbe (Nachsaat, standortangepasstes Saatgut verwenden) zurückgedrängt werden; Gräser (Lichtkonkurrenten) aufwachsen lassen.

Futterwert

Als Futter geringwertig; liefert wenig Ertrag (Rosettenpflanze); Platzräuber.

Besonderheit

Der Breitwegerich wird durch Tritt gefördert, da seine Samen nur keimen, wenn sie in den Boden getreten werden. Pro Pflanze werden jährlich bis zu 20.000 Samen produziert. Der Breitwegerich bildet eine langlebige Diasporenbank im Boden (20–100 Jahre). Die Samen kleben an Schuhsohlen, Rädern, Hufen und Klauen (Klebhafter) und werden dadurch über große Strecken verbreitet (Fernausbreitung). Der Breitwegerich ist eine Volksarzneipflanze (Tee bei Husten und Blasenleiden, Samen wirken als mildes Abführmittel (Ersatz für Flohsamen), Blätter als Wundauflage bei Insektenstichen, Breitwegerichsalbe wirkt entzündungshemmend und fördert die Wundheilung). Der Breitwegerich wird auch in der Homöopathie verwendet (gegen Kopf- und Zahnschmerzen, Hautausschläge, Bettnässe, Durchfall). Er ist ein Wildkraut (reich an Beta-Carotin, junge Blätter können roh oder als Gemüse gegessen werden, junge Blütenstände gelten als Delikatesse). Der Breitwegerich wird auch in der Tiermedizin verwendet (Breitwegerichkompressen, Breitwegerichaufguss bei Huf- und Klauenproblemen). Pro Blütenstand werden ca. 2–3 Millionen Pollenkörner produziert. Breitwegerichpollen sind bedeutende Auslöser von Heuschnupfen. Die Samen sind ein beliebtes Vogelfutter (Vogelfutterpflanze).

Verwechslungsmöglichkeit

Mittlerer Wegerich *(Plantago media)*: Ährenstiel viel länger als die Rosettenblätter und meist vier- bis zehnmal so lang wie die Blütenähre; Rosettenblätter undeutlich gestielt; Blüten duftend; Staubfäden weißlich bis blasslila; Rosettenblätter meist dicht behaart.

Übernutzte Almweide auf verdichtetem Boden mit Läger-Rispengras und Breitwegerich

Alpen-Mastkraut
Sagina saginoides

Alpen-Mastkraut (Sagina saginoides)

Bestimmungsmerkmale und Wuchsform
Nelkengewächs; ausdauernd; wintergrün; 1–10 cm hoch; polster- oder rasenbildend; mit sternförmiger Blattrosette; Laubblätter gegenständig, linealisch, mit kurzer Stachelspitze; Blüte meist einzeln auf langem Stiel; fünf Kronblätter, weiß, etwas kürzer als die Kelchblätter; fünf Kelchblätter; fünf Griffel; zehn Staubblätter; Stängel, Laubblätter und Kelch kahl.

Standortansprüche, Verbreitungsschwerpunkt und Reproduktion
Kommt auf Almen häufig und weit verbreitet in der subalpinen und alpinen Stufe vor (bis ca. 2.500 m); wächst bevorzugt auf frischen oder krumenwechselfeuchten (verdichteten), carbonatfreien, mäßig bis stark sauren, nährstoffarmen bis nährstoffreichen Almböden (insbesondere Ranker, Braunerde); toleriert häufige Trittbelastung und intensive Beweidung durch Kleinwüchsigkeit; erträgt Staunässe während der Vegetationszeit; vermehrt sich generativ mittels Samen und vegetativ durch oberirdische Triebe.

Pflanzengesellschaft
Vor allem in Trittrasen, Lägerfluren, übernutzten Bergfettweiden (Milchkrautweide), lückigen Silikat-Magerrasen (Bürstlingsrasen), Quellfluren, Schneetälchen.

Zeigerwert
Zeigt stark verdichteten Almboden (Bodenverdichtungszeiger) und/oder Vegetationslücken (offene Bodenstellen) an.

Beeinflussung
Wird durch häufigen Tritt, intensive Beweidung und Lücken in der Grasnarbe gefördert (Trittpflanze, Pionierpflanze); kann durch Verminderung der Trittbelastung und Verringerung der Weideintensität verdrängt werden; höherwüchsige Konkurrenten aufwachsen lassen (Verdrängung durch Beschattung).

Futterwert

Sehr geringer Futterwert und niedriger Ertrag aufgrund der Kleinwüchsigkeit.

Wissenswertes

Pionierpflanzen besiedeln Vegetationslücken und vegetationsfreies Substrat. Sie haben einen hohen Lichtbedarf und können deshalb durch Beschattung (Lichtkonkurrenz) verdrängt werden. Trittpflanzen sind meist niedrigwuchsig, bei geringer Trittbelastung konkurrenzschwach und sie haben einen hohen Lichtbedarf.

Verwechslungsmöglichkeit

Niederliegendes Mastkraut (*Sagina procumbens*): vier Kronblätter; vier Staubblätter; Verbreitungsschwerpunkt in der kollinen und montanen Stufe.

Blüte von Alpen-Mastkraut

Kriechender Hahnenfuß

Ranunculus repens

Bestimmungsmerkmale und Wuchsform

Hahnenfußgewächs; ausdauernd; wintergrün; 10–40 cm hoch; einzeln, in kleinen oder größeren Gruppen wachsend; mit langen, an den Knoten wurzelnden, oberirdisch kriechenden, beblätterten Ausläufern; Grundblätter dreiteilig, das mittlere Blättchen langgestielt; Blütenboden behaart; Blütenstiel längsgefurcht; Blüten gelb, einzeln; Kelchblätter anliegend behaart, den Kronblättern anliegend.

Standortansprüche, Verbreitungsschwerpunkt und Reproduktion

Kommt auf Almen häufig und weit verbreitet in der montanen, subalpinen und alpinen Stufe vor (bis ca. 2.300 m); wächst bevorzugt auf verdichteten, krumenwechselfeuchten, nährstoffreichen, mäßig sauren Almböden; erträgt Staunässe und Überflutung während der Vegetationszeit; gute Mahd-, Weide- und Trittverträglichkeit; vermehrt sich generativ mittels Samen und vegetativ durch lange, oberirdische Ausläufer.

Pflanzengesellschaft

Vor allem in Trittrasen, Lägerfluren, übernutzten Bergfettweiden (Gold-Pippau-Kammgrasweide, Milchkrautweide), Feuchtwiesen.

Kriechender Hahnenfuß (**Ranunculus repens**)

Zeigerwert

Zeigt nährstoffreichen, stark verdichteten Almboden an (Bodenverdichtungs- und Wechselfeuchtezeiger).

Beeinflussung

Wird durch häufigen Tritt, intensive Beweidung und Lücken in der Grasnarbe gefördert (Trittpflanze, Pionierpflanze); Regulierungsmaßnahmen: Verminderung der Trittbelastung, Verringerung der Weideintensität, Verhinderung der Diasporenausbreitung durch Nachmahd der Blütenstände und Abfuhr des Mähguts, Schaffung einer dichten, geschlossenen Grasnarbe (Nachsaat, standortangepasstes Saatgut verwenden), Gräser (Lichtkonkurrenten) aufwachsen lassen.

Grundblatt

Besonderheit

Der Kriechende Hahnenfuß bildet eine dauerhafte Diasporenbank im Boden (über 100 Jahre). Bei Regen bleiben die schüsselförmigen Blüten geöffnet, so dass sich darin Wasser sammelt und der Pollen zu den Narben schwimmen kann (Regenwasserbestäubung).

Futterwert

Als Futter geringwertig; liefert wenig Ertrag (Ausläufer- und Kriechpflanze).

Wissenswertes

Ausläufer- und Kriechpflanzen können Vegetationslücken (offene Bodenstellen) rasch besiedeln. Durch die Bildung von langen, oberirdisch kriechenden Ausläufern erhielt der Kriechende Hahnenfuß seine deutsche und lateinische Artbezeichnung (*repens* = kriechend).

Übernutzte Almweide auf verdichtetem Boden mit gehäuftem Vorkommen von Kriechendem Hahnenfuß

Gänseblümchen

Bellis perennis

Übernutzte Almweide mit gehäuftem Vorkommen von Gänseblümchen **(Bellis perennis)**

Bestimmungsmerkmale und Wuchsform

Korbblütler; ausdauernd; wintergrün, mit kurzem Rhizom; 2–10 cm hoch; einzeln, in kleinen oder größeren Gruppen wachsend; Stängel blattlos, rund, behaart, mit einem endständigen Blütenkopf; Laubblätter in grundständiger Rosette, spatelförmig, gekerbt-gesägt bis fast ganzrandig, einnervig, kurzhaarig bis fast kahl; Blütenkopf 15–20 mm Durchmesser; Hüllblätter stumpf; Zungenblüten weiß, an der Spitze oft rötlich; Röhrenblüten gelb; Frucht ohne Pappus.

Standortansprüche, Verbreitungsschwerpunkt und Reproduktion

Kommt auf Almen häufig und weit verbreitet in der montanen und subalpinen Stufe vor (bis ca. 2.000 m); wächst bevorzugt auf frischen, mäßig nährstoffreichen, mäßig sauren Almböden; sehr gute Mahd-, Weide- und Trittverträglichkeit; vermehrt sich generativ mittels Samen und vegetativ durch Bildung von Seitensprossen.

Pflanzengesellschaft

Vor allem in übernutzten Bergfettweiden (Gold-Pippau-Kammgrasweide, Milchkrautweide) und Trittrasen.

Zeigerwert

Zeigt bei hohem Deckungsgrad im Pflanzenbestand eine Übernutzung der Almweidefläche an (Übernutzungszeiger).

Beeinflussung

Wird durch intensive Beweidung gefördert; kann durch Verminderung der Weideintensität zurückgedrängt werden; höherwüchsige Konkurrenten aufwachsen lassen (Verdrängung durch Beschattung).

Futterwert

Als Futter geringwertig; liefert wenig Ertrag (Rosettenpflanze); Platzräuber.

Besonderheit

Das Gänseblümchen bildet eine kurzzeitige Diasporenbank im Boden (3–5 Jahre). Der Blütenkopf richtet sich immer nach der Sonne und schließt sich abends sowie bei trübem Wetter (Wetterpflanze). Regenwürmer fressen die Früchte und tragen somit zur Nahausbreitung des Gänseblümchens bei. Außerdem kleben die Früchte an Schuhsohlen, Rädern, Hufen und

Rosettenblätter

Klauen (Klebhafter), wodurch das Gänseblümchen auch über große Strecken verbreitet wird (Fernausbreitung). Das

Blütenköpfe von Gänseblümchen

Gänseblümchen ist eine Volksarzneipflanze (Hauterkrankungen, Bronchitis, Kopfschmerzen, Schwindelanfälle, Bestandteil von Blutreinigungstees und Hustenteemischungen). Sie wird auch in der Homoöpathie vielseitig genutzt (Verstauchungen, Prellungen, Muskelschmerzen, Ekzemen). Bei Insektenstichen und kleinen Verletzungen ein frisches Blatt zwischen den Fingern zerreiben und den Pflanzensaft mehrmals hintereinander auf die Schwellung oder Wunde auftragen. Die jungen Blätter und Blütenköpfe können in der Küche vielseitig verwendet werden (Salat, Gemüse, Kräutersuppen). Die Blütenköpfe eignen sich als Dekoration von Speisen. Die noch geschlossenen Blütenköpfe werden in Essig eingelegt („deutsche Kapern").

Wissenswertes

Der lateinische Name *„Bellis perennis"* bedeutet „schön" (bellus) und „ausdauernd" (perennis). Der deutsche Name „Gänseblümchen" bezieht sich auf das häufige Vorkommen in Gänseweiden. Das Gänseblümchen wird in mehreren, verschiedenfarbigen Sorten als frostharte Zierpflanze kultiviert.

Verwechslungsmöglichkeit

Alpenmaßliebchen *(Bellidiastrum michelii)*: Frucht mit Haarpappus; Hüllblätter spitz; Blütenkopf 20–30 mm Durchmesser; wächst bevorzugt in Kalk-Magerrasen (Blaugras-Horstseggenrasen), Kalk-Flachmooren und Kalkquellfluren.

Mittlerer Wegerich
Plantago media

Bestimmungsmerkmale und Wuchsform
Wegerichgewächs; ausdauernd; wintergrün; 10–50 cm hoch; einzeln oder in kleinen Gruppen wachsend; Ährenstiel aufrecht, blattlos, rund, nicht gefurcht, insbesondere oberwärts anliegend behaart, viel länger als die Rosettenblätter, meist vier- bis zehnmal so lang wie die Blütenähre; alle Laubblätter in grundständiger Rosette, rundlich-eiförmig bis breit-lanzettlich, spitz, fast ganzrandig, kurz gestielt, zerstreut bis dicht behaart, 5–9-nervig; Blütenähre 2–8 cm lang; Blüten klein, zahlreich, weißlich, schokoladeähnlich duftend; Staubblätter die Krone deutlich überragend; Staubfäden lang, weißlich bis blasslila.

Standortansprüche, Verbreitungsschwerpunkt und Reproduktion
Kommt auf Almen häufig und weit verbreitet in der montanen, subalpinen und unteralpinen Stufe vor (bis ca. 2.200 m); wächst bevorzugt auf frischen oder halbtrockenen, carbonathaltigen oder carbonatfreien, mäßig sauren bis schwach alkalischen, nährstoffarmen Almböden; gute Mahd-, Weide- und Trittverträglichkeit; toleriert Trockenheit; vermehrt sich generativ mittels Samen und vegetativ durch grundständige Seitentriebe.

Rosettenblätter von Mittlerem Wegerich (**Plantago media**)

Pflanzengesellschaft
Vor allem in nährstoffärmeren Bergfettwiesen (Goldhaferwiese) und Bergfettweiden (Gold-Pippau-Kammgrasweide, Milchkrautweide), in Bergmähdern und Kalkmagerweiden.

Zeigerwert
Zeigt nährstoffarmen Almboden an (Magerkeitszeiger); kennzeichnet bei hohem Deckungsgrad im Pflanzenbestand übernutzte Almweiden (Übernutzungszeiger).

Besonderheit

Der Mittlere Wegerich bildet eine kurzzeitige Diasporenbank im Boden (3–5 Jahre). Er wird in der Homöopathie verwendet (Hautentzündung, Insektenstiche, Kopf-, Zahn- und Ohrenschmerzen, Wundbehandlung).

Blütenähre von Mittlerem Wegerich

Beeinflussung

Wird auf nährstoffarmen Böden durch intensive Beweidung gefördert; Regulierungsmaßnahmen: Verminderung der Weideintensität, höherwüchsige Konkurrenten aufwachsen lassen (Verdrängung durch Beschattung), Verhinderung der Diasporenausbreitung durch Nachmahd der Blütenähren und Abfuhr des Mähguts, Düngung mit Mist zur Förderung höherwüchsiger Futtergräser.

Futterwert

Als Futter geringwertig; liefert wenig Ertrag (Rosettenpflanze); Platzräuber.

Horst-Rasenschmiele

Deschampsia cespitosa

Bestimmungsmerkmale und Wuchsform

Ausdauerndes, wintergrünes Süßgras mit zahlreichen, aufrechten Halmen; Halme 30–150 cm hoch (Mittel- bis Obergras); kann auf Weiden mächtige Horste bilden (Horstgras); meist in Gruppen oder in großen Herden wachsend; Rispenäste rau; Laubblätter 2–4 mm breit, oberseits mit 5–7 Rippen („Wellblechgras"), sehr rau, unterseits glatt und glänzend; Blattrand schneidend scharf; Blatthäutchen 5–8 mm lang, spitz.

Standortansprüche, Verbreitungsschwerpunkt und Reproduktion

Kommt auf Almen häufig und weit verbreitet in der montanen, subalpinen und unteralpinen Stufe vor (bis ca. 2.400 m); wächst vor allem auf wechselfeuchten, carbonatfreien, mäßig bis stark sauren, mäßig nährstoffreichen Almböden; Lichtkeimer; gute Weideverträglichkeit, mäßige Mahd- und Trittverträglichkeit; vermehrt sich generativ durch Samen und vegetativ durch Bestockung über Stängelkurztriebe.

Pflanzengesellschaft

Vor allem in wechselfeuchten Silikat-Magerrasen (insbesondere Bürstlingsrasen), Gold-Pippau-Kammgrasweiden und Milchkrautweiden sowie in Feuchtwiesen, Feuchtweiden und entwässerten Flachmooren.

Horst-Rasenschmiele (Deschampsia cespitosa)

Zeigerwert

Zeigt Staunässe oder starke Grundwasserschwankungen während der Vegetationsperiode an; kennzeichnet mäßig nährstoffreiche, stau- oder grundwasserbeeinflusste Almböden (Wechselfeuchtezeiger).

Beeinflussung

Wird durch Entwässerung von Flachmooren und durch Düngung gefördert; Regulierungsmaßnahmen: Ausstechen, frühe und häufige Mahd (Tiefschnitt) über mehrere Jahre, Schlegeln, intensive Beweidung mit Pferden bei trockener Witterung; Horste können mit einem Freischneider entfernt werden.

Blattspreite

Futterwert

Als Futter geringwertig; wegen der rauen Blätter und harten Stängel von Rindern meist gemieden; vor allem Jungpflanzen von Schafen, Ziegen und Pferden gefressen; Platzräuber.

Besonderheit

Die Horst-Rasenschmiele kann sich bei geeigneten Standortbedingungen auf Almflächen stark ausbreiten und artenarme Dominanzbestände bilden. Der Futterwert ist auf Almen wegen der weicheren Blätter höher als in den Tal- und Beckenlagen. Die Horst-Rasenschmiele bildet eine langlebige Diasporenbank im Boden (20–100 Jahre). Die Halme werden im Herbst strohgelb und können für dekorative Zwecke verwendet werden. Die Horst-Rasenschmiele wird als winterhartes Ziergras in Gärten und Parks angepflanzt. Die rauen Laubblätter sind im Gegenlicht grün-weiß gestreift („Steirergras").

Blütenstand der Alpinen Horst-Rasenschmiele

Wissenswertes

Die Horst-Rasenschmiele wurde früher als Einstreumaterial in Viehställen verwendet. Es gibt mehrere Unterarten. Im Hochgebirge kommt die Alpine Horst-Rasenschmiele *(Deschampsia cespitosa ssp. gaudinii)* vor. Die Rispe ist zusammengezogen und die Ährchen sind meist violett verfärbt. In den Tal- und Beckenlagen dominiert die Gewöhnliche Horst-Rasenschmiele *(Deschampsia cespitosa ssp. cespitosa)*. Deren Rispe ist ausgebreitet.

Flatter-Simse

Juncus effusus

Bestimmungsmerkmale und Wuchsform
Simsengewächs; ausdauernd; teilweise wintergrün; mit Rhizom; 30–100 cm hoch; meist dichte Horste bildend (Horstgras); meist in Gruppen oder in großen Herden wachsend; Stängel aufrecht, rund, kahl, grasgrün, glänzend, glatt, mit zusammenhängendem Mark; das den Stängel geradlinig fortsetzende Laubblatt mit nicht oder kaum aufgeblasener Scheide; grundständige Blattscheiden gelb oder braun, nicht glänzend; Blütenstand scheinbar seitenständig, vielblütig; sechs Blütenhüllblätter, grünlich, mit breitem Hautrand, zugespitzt, etwas länger als die Frucht; meist drei Staubblätter.

Standortansprüche, Verbreitungsschwerpunkt und Reproduktion
Kommt auf Almen in den Zentralalpen häufig und weit verbreitet in der montanen und subalpinen Stufe vor (bis ca. 2.000 m); wächst bevorzugt auf wechselfeuchten, carbonatfreien, mäßig bis stark sauren, nährstoffarmen bis mäßig nährstoffreichen Almböden; Lichtkeimer; gute Weideverträglichkeit, mäßige Mahd- und Trittverträglichkeit; vermehrt sich generativ mittels Samen und vegetativ durch Verzweigung des Rhizoms.

Pflanzengesellschaft
Vor allem in wechselfeuchten Gold-Pippau-Kammgrasweiden, Bürstlingsrasen und Rot-Schwingel-Straußgraswiesen

Flatter-Simse (**Juncus effusus**)

sowie in Feuchtweiden (Binsen-Weiden), Feuchtwiesen, bodensauren Pfeifengraswiesen und bodensauren Flachmooren.

Zeigerwert
Zeigt Staunässe oder starke Grundwasserschwankungen während der Vegetationsperiode an; kennzeichnet carbonatfreie, saure, stau- oder grundwasserbeeinflusste Almböden (Säurezeiger, Wechselfeuchtezeiger).

Beeinflussung
Wird durch Lücken in der Grasnarbe gefördert (Störzeiger); kann offene Bodenstellen rasch besiedeln; Regulierungsmaßnahmen: frühe und häufige Mahd (Tiefschnitt); Schlegeln; intensive Beweidung mit Pferden bei trockener Witterung; Schaffung einer dichten, geschlossenen Grasnarbe (Nachsaat, standortangepasstes Saatgut verwen-

Stängel mit zusammenhängendem Mark

den); Düngung und Nachsaat von Wiesen-Fuchsschwanz, Wiesen-Schwingel und Wiesen-Lieschgras.

Blütenstand der Flatter-Simse

Futterwert

Als Futter geringwertig; von Rindern verschmäht; von Ziegen und Pferden gefressen; Platzräuber.

Besonderheit

Die Photosynthese erfolgt bei der Flatter-Simse in den grasgrünen Stängeln. Der Stängel ist mit einem Durchlüftungsgewebe (Mark, Aerenchym) ausgestattet. Dadurch werden die Wurzeln und das Rhizom in nassen, sauerstoffarmen Böden mit Luftsauerstoff versorgt. Die Samenausbreitung erfolgt durch Wind und Tiere. Die winzigen Samen werden als Körnchenflieger mit dem Wind über große Distanzen verfrachtet (Fernausbreitung). Die Samen quellen bei Nässe schleimig auf, verkleben miteinander und bleiben am Tierfell haften (Klebhafter). Die Flatter-Simse bildet eine dauerhafte Diasporenbank im Boden (über 100 Jahre). Sie wird in der Homöopathie bei Nierensteinleiden angewendet.

Wissenswertes

Die Flatter-Simse war früher als Flechtmaterial begehrt. Lücken in der Grasnarbe entstehen vor allem dann, wenn die Böden bei zu hohem Wassergehalt beweidet werden. Gibt das Bodenmaterial beim Zusammendrücken mit der Hand tropfenweise Wasser ab, ist das Risiko für Trittschäden sehr hoch.

Verwechslungsmöglichkeit

Knäuel-Simse *(Juncus conglomeratus)*: Stängel kaum glänzend, graugrün, mit 15–24 Längsrippen; das den Stängel geradlinig fortsetzende Laubblatt mit stark aufgeblasener Scheide.

Grau-Simse

Juncus inflexus

Bestimmungsmerkmale und Wuchsform
Simsengewächs; ausdauernd; teilweise wintergrün; mit Rhizom; 30–80 cm hoch; meist dichte Horste bildend (Horstgras); in kleinen oder größeren Gruppen wachsend; Stängel aufrecht, rund, kahl, blaugrün, matt, deutlich 12–16-rippig, mit gekammertem Mark; grundständige Blattscheiden schwarzbraun, glänzend; Blütenstand scheinbar seitenständig, vielblütig; sechs Blütenhüllblätter, rotbraun, mit breitem grünen Mittelstreifen und schmalem Hautrand, zugespitzt, etwas länger als die Frucht.

Standortansprüche, Verbreitungsschwerpunkt und Reproduktion
Kommt auf Almen in den Kalkalpen häufig und weit verbreitet in der montanen und subalpinen Stufe vor (bis ca. 1.700 m); wächst vor allem auf wechselfeuchten, carbonathaltigen, schwach sauren bis schwach alkalischen, nährstoffarmen bis mäßig nährstoffreichen Almböden (insbesondere pseudovergleyter oder vergleyter Kalkbraunlehm); Lehmzeiger (bevorzugt lehmige Böden); Lichtkeimer; gute Weideverträglichkeit, mäßige Mahd- und Trittverträglichkeit; vermehrt sich generativ mittels Samen und vegetativ durch Verzweigung des Rhizoms.

Pflanzengesellschaft
Vor allem in wechselfeuchten Gold-Pippau-Kammgrasweiden sowie in Feuchtweiden, Feuchtwiesen, Pfeifengraswiesen, Kalk-Flachmooren und Kalk-Quellfluren.

Grau-Simse (Juncus inflexus)

Zeigerwert
Zeigt Staunässe oder starke Grundwasserschwankungen während der Vegetationsperiode an; kennzeichnet carbonathaltige, stau- oder grundwasserbeeinflusste Almböden (Kalkzeiger, Wechselfeuchtezeiger).

Beeinflussung
Wird durch Lücken in der Grasnarbe gefördert (Störzeiger); kann offene Bodenstellen rasch besiedeln; Regulierungsmaßnahmen: frühe und häufige Mahd (Tiefschnitt); Schlegeln; intensive Beweidung mit Pferden bei trockener Witterung; Schaffung einer dichten,

Stängel mit gekammertem Mark

geschlossenen Grasnarbe (Nachsaat, standortangepasstes Saatgut verwenden); Düngung und Nachsaat von Wiesen-Fuchsschwanz, Wiesen-Schwingel und Wiesen-Lieschgras.

Futterwert

Als Futter geringwertig; von Rindern verschmäht; von Ziegen und Pferden gefressen; Platzräuber.

Besonderheit

Die Photosynthese erfolgt bei der Grau-Simse in den blaugrünen Stängeln. Der Stängel ist mit einem Durchlüftungsgewebe (Mark, Aerenchym) ausgestattet. Dadurch werden die Wurzeln und das Rhizom in nassen, sauerstoffarmen Böden mit Luftsauerstoff versorgt. Die Samenausbreitung erfolgt durch Wind und Tiere. Die winzigen Samen werden als Körnchenflieger mit dem Wind über große Distanzen verfrachtet (Fernausbreitung). Die Samen quellen bei Nässe schleimig auf, verkleben miteinander und bleiben am Tierfell haften (Klebhafter). Die Grau-Simse bildet eine langlebige Diasporenbank im Boden (20–100 Jahre).

Blütenstand der Grau-Simse

Wissenswertes

Simsengewächse *(Juncaceae)* gehören zu den windblütigen (anemophilen) Samenpflanzenfamilien. Ihre Blüten werden durch den Wind bestäubt. Durch Luftströme gelangen die Pollen durch Zufall auf die Narben der weiblichen Blüten von Pflanzen der gleichen Art.

Rohr-Schwingel

Lolium arundinaceum = Festuca arundinacea ssp. arundinacea

Bestimmungsmerkmale und Wuchsform

Ausdauerndes, wintergrünes Süßgras; Halme kahl, glatt, 50–200 cm hoch (Obergras); bildet dunkelgrüne Horste (Horstgras); mit unterirdischen Kriechtrieben; meist in Gruppen wachsend; Laubblätter 5–10 mm breit, steif, oberseits stark gerillt und sehr rau, unterseits glatt und glänzend, an den Rändern rau; jüngstes Blatt gerollt; Blattöhrchen am Rande deutlich bewimpert; Blatthäutchen 1–2 mm lang, gestutzt; unterste Rispenäste meist zwei, der kürzere mit 5–8 und der längere mit 5–15 Ährchen; Rispenäste rau; Deckspelzen unbegrannt.

Standortansprüche, Verbreitungsschwerpunkt und Reproduktion

Kommt auf Almen in der montanen und subalpinen Stufe vor (bis ca. 1.700 m); wächst vor allem auf wechselfeuchten oder wechseltrockenen, carbonathaltigen oder carbonatfreien, mäßig sauren bis schwach alkalischen, mäßig nährstoffreichen Almböden; toleriert Trockenheit, Nässe und Überflutung; besiedelt auch Rohböden; gute Mahd-, Weide- und Trittverträglichkeit; vermehrt sich generativ mittels Samen und vegetativ durch unterirdische Ausläufer und Seitentriebbildung.

Rohr-Schwingel (Lolium arundinaceum = Festuca arundinacea ssp. arundinacea)

Pflanzengesellschaft

Vor allem in wechselfeuchten oder wechseltrockenen Gold-Pippau-Kammgrasweiden und Kalkmagerweiden sowie in zeitweise überfluteten Feuchtwiesen und Feuchtweiden.

Zeigerwert

Zeigt mäßig nährstoffreiche, wechselfeuchte oder wechseltrockene Almböden an (Wechselfeuchte- oder Wechseltrockenheitszeiger).

Beeinflussung

Wird durch Düngung gefördert; kann durch frühe und häufige Mahd (Tiefschnitt) über mehrere Jahre und durch intensive Beweidung mit Pferden zurückgedrängt werden.

Laubblattoberseite

Besonderheit
Rohr-Schwingel erreicht unter den Süßgräsern die größte Wurzeltiefe (über 2 m). Er ist daher wie alle Tiefwurzler gegen Trockenheit wenig empfindlich. Rohr-Schwingel bildet eine kurzzeitige Diasporenbank im Boden (1–5 Jahre).

Wissenswertes
Die Zuchtsorten von Rohr-Schwingel haben weichere Laubblätter und eine bessere Futterqualität als die Wildform. Der lateinische Gattungsname „*Festuca*" bedeutet Grashalm.

Futterwert
Als Futter geringwertig; ertragreich; wegen der rauen Blätter von Rindern meist gemieden; von Schafen, Ziegen und Pferden gefressen; Platzräuber.

Verwechslungsmöglichkeit
Wiesen-Schwingel (*Festuca pratensis*): Blattöhrchen am Rande nicht bewimpert; Laubblätter oberseits nicht so stark gerillt und weniger rau.

Halm mit bewimperten Blattöhrchen von Rohr-Schwingel

Blau-Segge
Carex flacca

Blau-Segge (Carex flacca)

Bestimmungsmerkmale und Wuchsform
Riedgras; ausdauernd; teilweise wintergrün; mit langen unterirdischen Kriechtrieben (Ausläufersegge); in kleinen oder größeren Gruppen wachsend; Stängel aufrecht, 20–50 cm hoch (Kleinsegge), grau- bis blaugrün, stumpf dreikantig, glatt, nur am Grunde beblättert, deutlich länger als die Laubblätter; Laubblätter 2–6 mm breit, grau- bis blaugrün, steif, kahl, deutlich gerillt, unterseits stark gekielt, an den Rändern rau; grundständige Blattscheiden braun bis rotbraun, nicht in Fasern aufgelöst; männliche Ähren meist zwei, an der Spitze des Stängels; weibliche Ähren 2–3, dichtfrüchtig, langgestielt, bei der Fruchtreife hängend; unterstes Tragblatt laubblattartig, mindestens so lang wie der Blütenstand; Fruchtschlauch eiförmig, mit sehr kurzem Schnabel, borstig bewimpert, bei der Fruchtreife braun bis braunschwarz; drei Narben.

Standortansprüche, Verbreitungsschwerpunkt und Reproduktion
Kommt auf Almen in den Kalkalpen häufig und weit verbreitet in der montanen und subalpinen Stufe vor (bis ca. 2.000 m); wächst vor allem auf wechselfeuchten oder wechseltrockenen, carbonathaltigen, schwach sauren bis schwach alkalischen, nährstoffarmen Almböden; Lehmzeiger (bevorzugt lehmige Böden wie Kalklehm-Rendzina oder Kalkbraunlehm); toleriert Trockenheit und Nässe; besiedelt auch Rohböden; geringe Mahdverträglichkeit, mäßige Weide- und Trittverträglichkeit; vermehrt sich generativ mittels Samen und vegetativ durch unterirdische Ausläufer.

Pflanzengesellschaft
Vor allem in wechselfeuchten oder wechseltrockenen Kalkmagerweiden sowie in Trespen-Halbtrockenrasen, Pfeifengraswiesen, Kalk-Flachmooren, Kalk-Quellfluren und lichten Wäldern.

Zeigerwert
Zeigt carbonathaltige, nährstoffarme, wechselfeuchte oder wechseltrockene Almböden an (Kalkzeiger, Magerkeitszeiger, Wechselfeuchte- oder Wechseltrockenheitszeiger).

Blütenstand der Blau-Segge

Beeinflussung

Wird durch offene Bodenstellen (Vegetationslücken) gefördert (Pionierpflanze); Regulierungsmaßnahmen: Schaffung einer dichten, geschlossenen Grasnarbe (Nachsaat, standortangepasstes Saatgut verwenden); frühe und häufige Mahd; intensive Beweidung mit Pferden; Düngung zur Förderung höherwüchsiger Futtergräser (Lichtkonkurrenten).

Futterwert

Als Futter geringwertig, liefert wenig Ertrag.

Besonderheit

Die Blau-Segge bildet eine langlebige Diasporenbank im Boden (20–100 Jahre). Die Diasporenausbreitung erfolgt durch Wind (Fernausbreitung) und Ameisen (Nahausbreitung). Die Blau-Segge wird als winterhartes Ziergras in Gärten und Parks angepflanzt und eignet sich auch für die Dachbegrünung.

Wissenswertes

Die Blau-Segge gehört zu den häufigsten Seggen-Arten in Österreich. Ihre zähen Blätter wurden als Bastersatz zum Aufbinden von Nutzsträuchern verwendet. Die Blau-Segge ist eine myrmekochore Pflanze. Ihre Diasporen besitzen ein nährstoffreiches Anhängsel (Elaiosom). Elaiosomen sind für Ameisen ein beliebtes Nahrungsmittel. Die Diasporen werden daher in die Ameisenbauten eingetragen. Dort werden die Elaiosomen abgetrennt und gefressen. Die Diasporen hingegen werden nach außen transportiert, wo sie bei geeigneten Bedingungen keimen können. Mitunter wird das Elaiosom schon beim Transport gefressen, sodass die Diasporen an den Ameisenstraßen liegen bleiben und dort auskeimen können.

Botanische Fachbegriffe in Bildern

Spross

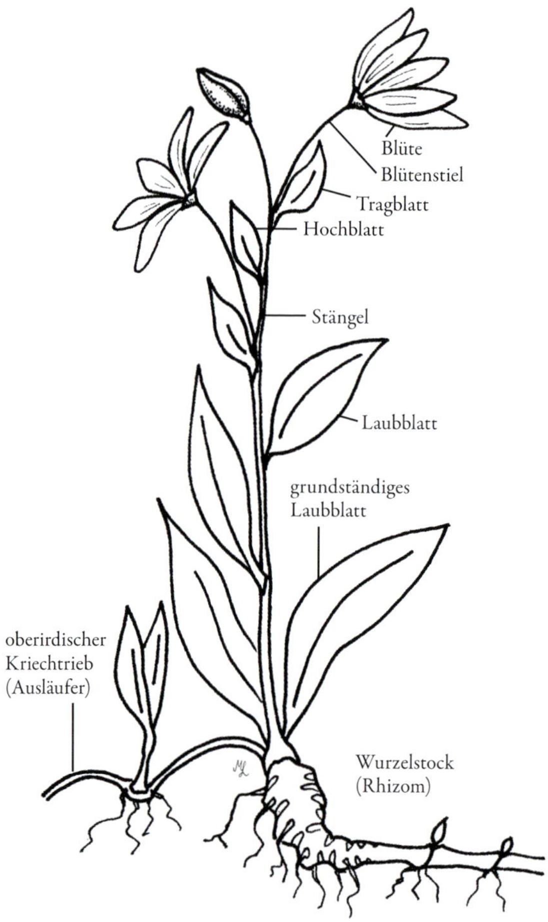

Blatt

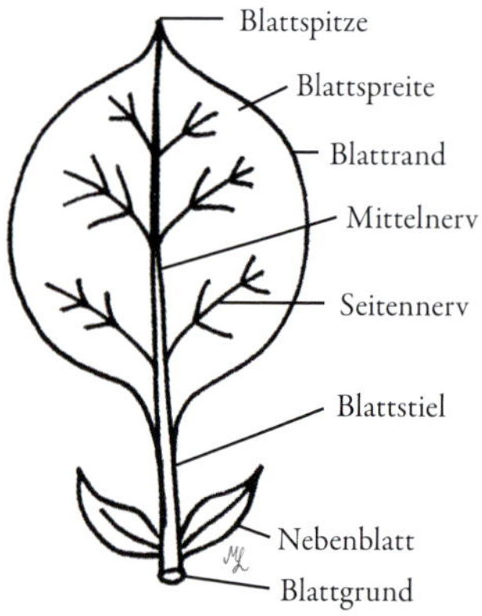

Blätter

Blatttyp

dreizählig

gefingert

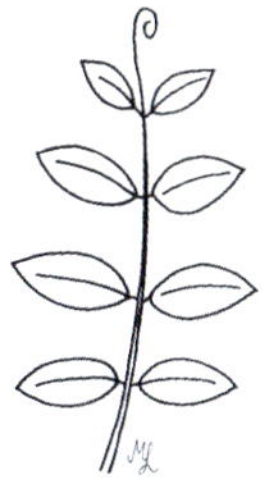

paarig gefiedert

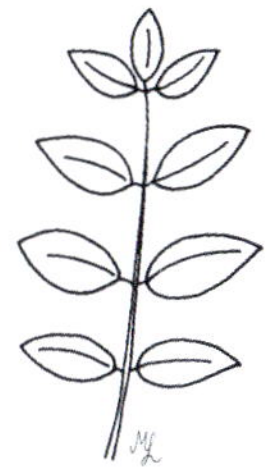

unpaarig gefiedert

Blattform

rundlich

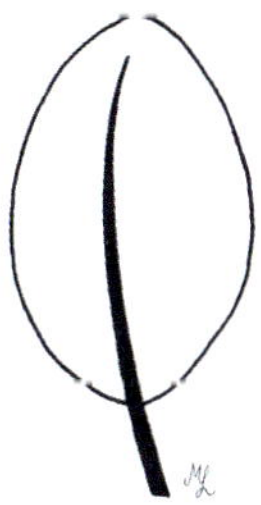

elliptisch

eiförmig

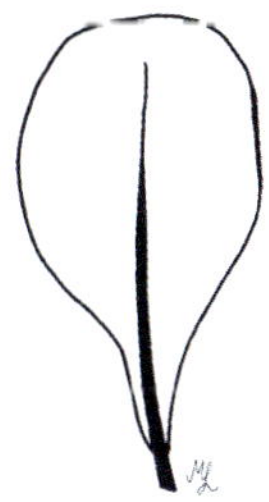

spatelförmig

linealisch

lanzettlich

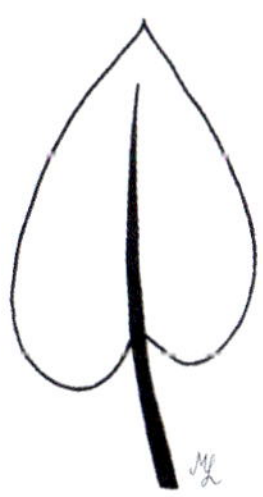

herzförmig

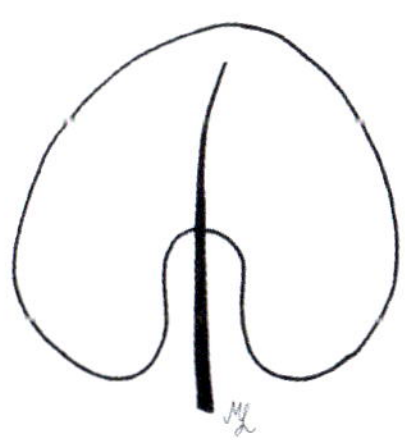

nierenförmig

Blattrand

gesägt

gezähnt

gekerbt

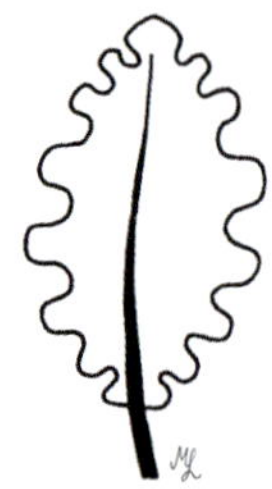

gebuchtet

Spreitengrund

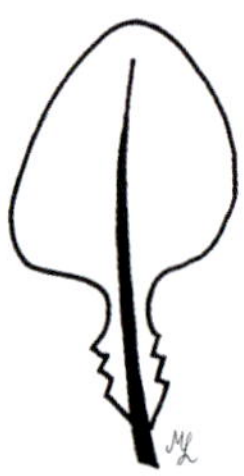

geflügelt

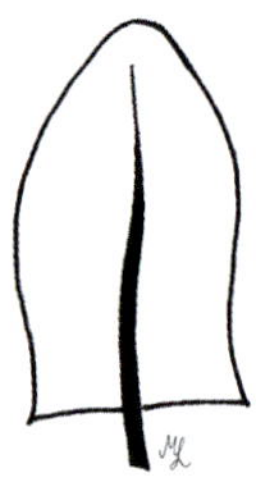

spießförmig

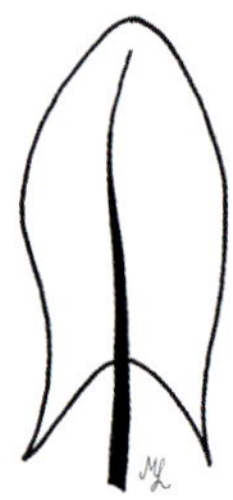

pfeilförmig

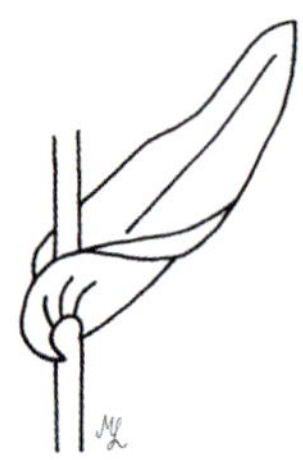

geöhrt

Blattstellung

Rosette

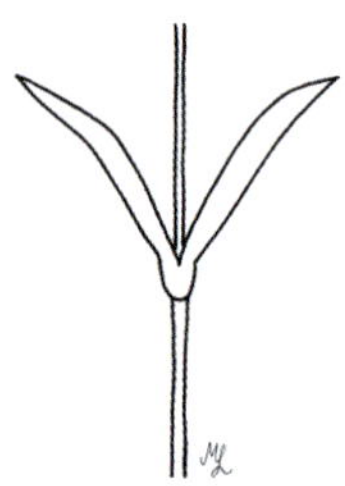

gegenständig

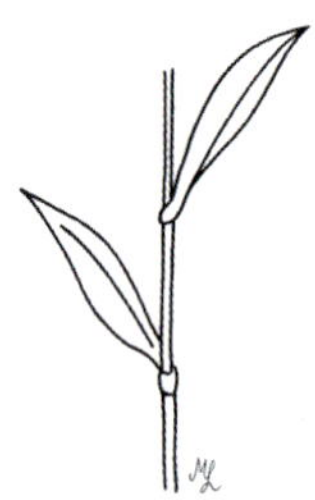

wechselständig

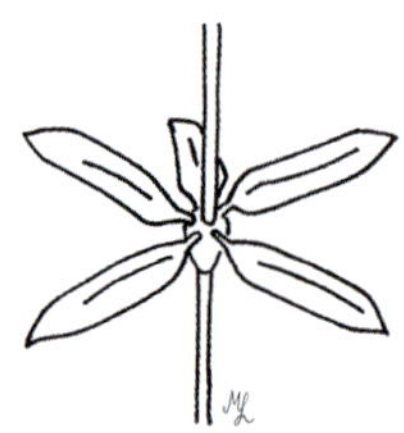

quirlständig

Blüten

Schmetterlingsblütler

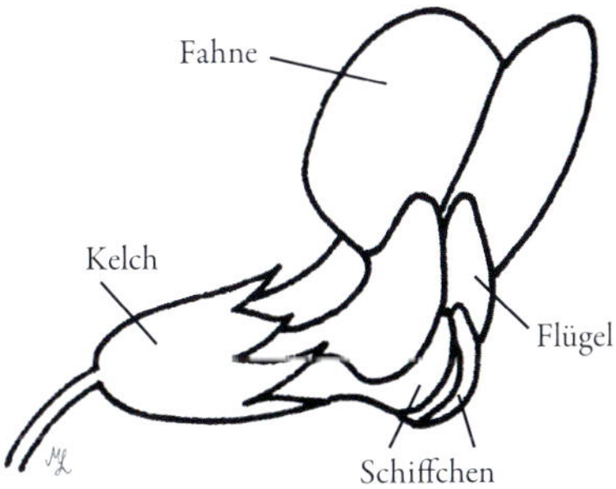

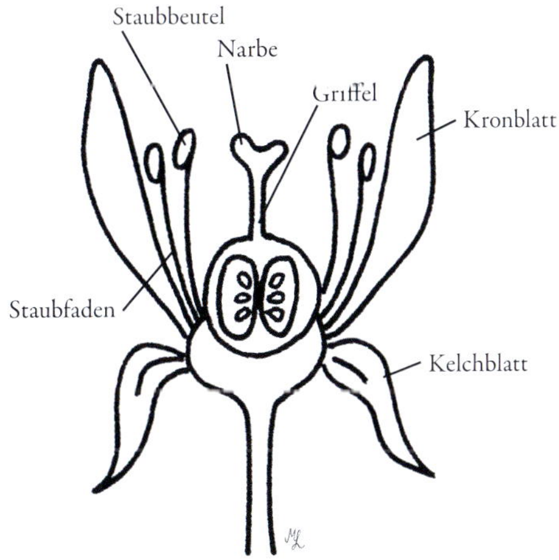

Typen von Blütenständen

Ähre

Traube

Ährenrispe (Scheinähre)

Dolde

Rispe

Gras: Blatthäutchen

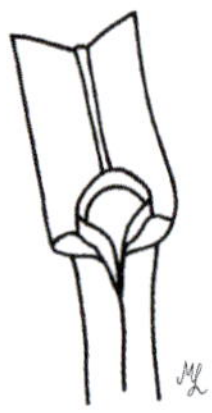

kurz, gestutzt

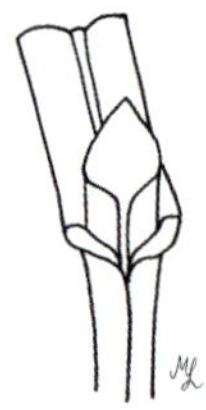

lang, spitz

Haare

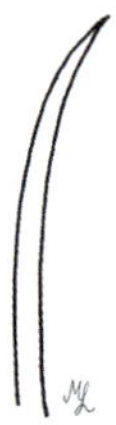

einfaches Haar

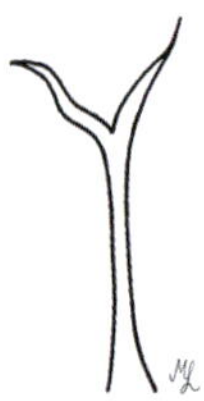

Gabelhaar

Drüsenhaar

Sternhaar

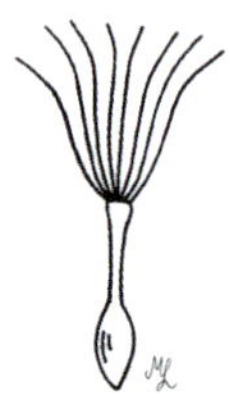

Pappushaar

Blüten von Seggen

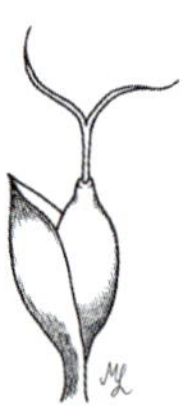

weibliche Blüte

männliche Blüte

Echtes Gras (Süßgras)

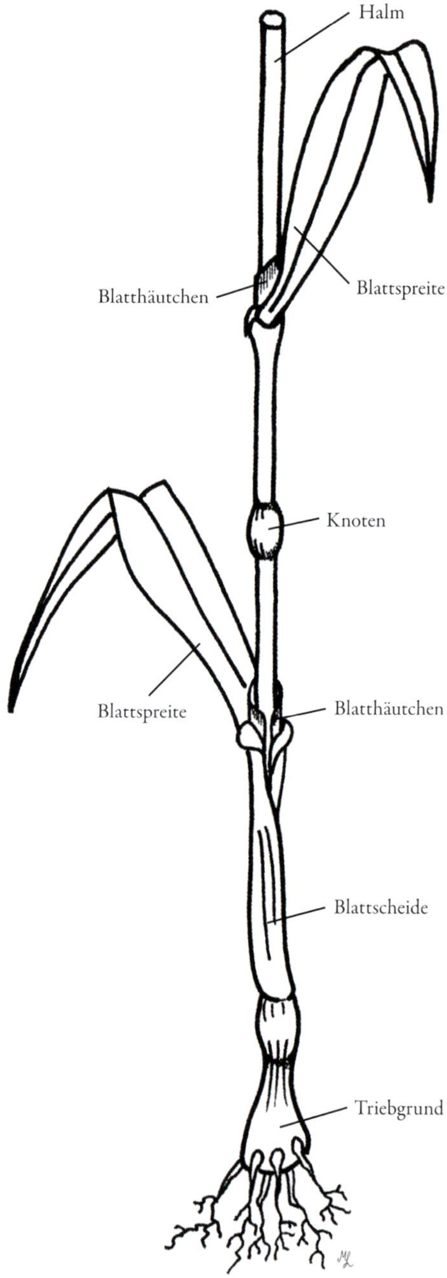

Glossar

Aggregat, agg.: nah miteinander verwandte und zugleich einander sehr ähnliche Arten werden aufgrund schwieriger Bestimmung oft zu Artengruppen zusammengefasst (z. B. *Taraxacum alpinum* agg.).

A-Horizont: durch Humus gleichmäßig dunkel gefärbter oberster Mineralbodenhorizont.

Almanger: fest umzäunte, meist gedüngte, alljährlich gemähte und häufig nachbeweidete Fläche in Hütten- oder Stallnähe. Dient vor allem als Futterreserve für Notlagen.

Almen: Flächen im Gebirge, die während des Sommers vom Vieh beweidet und meist getrennt vom Heimgut bewirtschaftet werden.

Arzneipflanzen (Heilpflanzen): Pflanzen, die im amtlichen Österreichischen Arzneibuch enthalten sind. Sie dienen zur Heilung von Krankheiten, zur Linderung von Schmerzen oder zur Vorbeugung gegen Beschwerden verschiedenster Art. Ihre Wirksamkeit ist nach pharmakologisch-medizinischen Kriterien nachgewiesen.

Ausdauernde Pflanze: wird drei Jahre oder älter. Blüht und fruchtet im Laufe ihres Lebens mehrmals. Oft mit ober- oder unterirdischen Ausläufern und nicht blühenden Trieben.

Ausläufergräser: besitzen sehr lange, ober- oder unterirdische Kriechtriebe (z. B. Kriech-Straußgras, Wiesen-Rispengras). Eine Vermehrung und Ausbreitung ist ohne regelmäßiges Versamen möglich.

Baumgrenze: Grenze, bis zu der noch einzelne Bäume aufsteigen. Befindet sich einige 100 m über der Waldgrenze.

B-Horizont: durch Eisenverbindungen gleichmäßig braun gefärbter Horizont im Boden.

Bodenart: Korngrößenzusammensetzung des Feinbodens (Sand, Schluff, Ton). Lehm enthält Sand, Schluff und Ton zu annähernd gleichen Teilen.

Bodenfeuchte: Bodenwasser, das gegen die Schwerkraft im Boden gehalten wird.

Bodengründigkeit: Mächtigkeit des durchwurzelbaren Bodenraumes (seichtgründig: bis 30 cm; mittelgründig: bis 70 cm; tiefgründig: mehr als 70 cm).

Bodenskelett: mineralische Bodenteilchen mit einem Durchmesser über 2 mm.

Bodenstruktur: Anordnung von festen Bodenteilchen (Minerale, Gesteinsbruchstücke, Humus) und Hohlräumen (Poren) zu einem Verband.

Bodentypen: Böden mit ähnlichen Merkmalen (z. B. Bodenfarbe) und Eigenschaften (z. B. Sauerstoffmangel). Die Braunerde ist der flächenmäßig bedeutendste Bodentyp in den Zentralalpen.

Carbonatgesteine: bestehen überwiegend aus den Carbonatmineralen Calcit ($CaCO_3$) oder Dolomit ($CaMg(CO_3)_2$). Zu den Carbonatgesteinen gehören beispielsweise Kalkstein, Dolomit, Mergel und Marmor.

C-Horizont: lockeres (mit Spaten grabbar) oder festes (mit Spaten nicht grabbar) Material, aus dem der Boden entstanden ist (Ausgangsmaterial) oder Material, das den Boden unterlagert (Gesteinsuntergrund).

Deckungsgrad: prozentualer Flächenanteil einer Pflanzenart an der Pflanzendecke.

Diaspore: dient der Erhaltung und Ausbreitung von Pflanzen. Umfasst Samen, Früchte, Fruchtstände, Sporen, Brutknöllchen, Zwiebeln, Knollen und Rhizome.

Dolomit: besteht überwiegend bis ganz aus dem Mineral Dolomit ($CaMg(CO_3)_2$).

Ertragspotenzial: nachhaltiges, durchschnittliches Ertragsvermögen eines Standortes.

Exposition: Lage eines Hanges bezüglich der Himmelsrichtung. Beeinflusst das Mikroklima. Sonnenhänge: West, Südwest, Süd, Südost. Schattenhänge: Nordwest, Nord, Nordost, Ost.

Färberpflanzen: umfasst Pflanzen, die Inhaltsstoffe besitzen, die zum Färben insbesondere von Wolle und Lebensmitteln benutzt werden (z. B. Heidelbeere).

Feinboden: mineralische Bodenteilchen mit einem Durchmesser unter 2 mm.

Festgestein: kompakter Gesteinskörper, Fels.

Frosttrocknis: An schneearmen und schneefreien Standorten gefriert der Boden im Winter. Die Pflanzen vertrocknen, weil sie aus dem gefrorenen Boden kein Wasser aufnehmen können.

GLOSSAR

Gattung: In der Pflanzensystematik werden verwandte Arten zu Gattungen und verwandte Gattungen zu Familien zusammengefasst. Der Gold-Pippau beispielsweise ist eine Pflanzenart aus der Gattung Pippau in der Familie der Korbblütler.

Gefäßpflanzen: umfasst farnartige Pflanzen (Bärlappgewächse, Moosfarngewächse, Schachtelhalmgewächse, Farnpflanzen) und Samenpflanzen (Blütenpflanzen). Erstere breiten sich mit Sporen, letztere mit Samen aus.

Geländeform: kleinräumige Strukturen der Landoberfläche (z. B. Ebene, Mulde, Kuppe, Oberhang, Unterhang).

Generative Vermehrung: erfolgt über Samen oder Sporen.

Grundblätter: unterste Blätter der Pflanze, am oder wenig über dem Boden.

Grundwasser: das im Unterboden bzw. Untergrund langsam fließende oder stehende, ganzjährig alle Poren (Hohlräume) füllende Wasser.

H-Horizont: schwarz gefärbter Feinhumushorizont (Auflagehorizont) mit sehr geringem Gehalt an Mineralteilchen.

Hochalmen: oberhalb der Waldgrenze in der alpinen Stufe.

Hochgebirge: Gebirge höher als die Baumgrenze, also Gebirge mit der Höhenstufe „alpin".

Hochstauden: mindestens 80 cm hohe, meist weich- und breitblättrige Pflanzen (z. B. Alpen-Ampfer). Wachsen auf nährstoffreichen, gut mit Wasser versorgten Böden an windarmen Standorten.

Horstgräser: besitzen sehr kurze, waagrechte Seitensprosse. Bilden einen dichten Horst (z. B. Horst-Rasenschmiele) und sind auf regelmäßiges Versamen angewiesen.

Hüllblatt (Hülle): schuppiges oder blattähnliches Hochblatt, das eine Blüte oder einen Blütenstand umgibt.

Immergrün: das ganze Jahr sind grüne Laubblätter vorhanden, die länger als ein Jahr leben.

Kalkstein: Gesteinsart, die überwiegend bis ganz aus dem Mineral Calcit ($CaCO_3$) besteht.

Kleinsträucher: starke Verzweigung am Grund, daher mehrere unmittelbar neben einander stehende Stämme (verholzte Achsen). 30–150 cm hoch (z. B. Waldstein-Weide).

Körnchenflieger: besitzen winzige und sehr leichte Samen (Samengewicht unter 0,1 mg). Dadurch ist eine Samenausbreitung über große Distanzen (Fernausbreitung) möglich (z. B. Besenheide).

Kontinentales Klima: charakteristisch sind kalte Winter und warme Sommer, große Temperaturschwankungen, geringe Niederschläge, Luftfeuchtigkeit und Bewölkung.

Kriechtrieb (Ausläufer): an der Bodenoberfläche oder unterirdisch horizontal wachsende, bewurzelte Sprosse, an deren Ende und/oder Knoten neue Pflanzen entstehen. Dient der vegetativen Vermehrung der Pflanze.

Krummholz: niedrige Baum- und Straucharten mit zahlreichen, sparrig verzweigten, stark gebogenen Ästen (Latsche, Grün-Erle).

Lärchweiden: sind vorwiegend durch Aushieb der Fichte aus ehemaligen Fichten-Lärchen-Wäldern entstanden.

Leguminosen: Hülsenfrüchtler mit der Fähigkeit zur symbiontischen Stickstoffbindung aufgrund der Symbiose mit stickstofffixierenden Knöllchenbakterien (z. B. Hornklee, Wundklee). Charakteristisch ist ein hoher Eiweißgehalt in der ober- und unterirdischen Biomasse. Meist wertvolle Futterpflanzen.

Lockersediment: nicht verfestigtes Material.

Luv-Lee-Effekt: Gebirge bewirken eine Hebung der anströmenden Luftmassen. Dadurch entsteht eine wolken- und niederschlagsreiche, relativ kühle Luv-Seite (die dem Wind zugewandte Seite) und eine sonnenscheinreichere, trockenere und wärmere Lee-Seite (die dem Wind abgewandte Seite).

Makroklima: Klima einer Region (z. B. Bregenzerwald) oder eines Gebirgszuges (z. B. Zentralalpen)

Massenerhebung: große Gebirgszüge (z. B. Zentralalpen) weisen eine höhere mittlere Lufttemperatur auf als isolierte Einzelberge, weil sich die unteren Luftschichten wegen der größeren Wärmeabgabe der Erdoberfläche stärker erwärmen.

Mergel: tonreicher Kalkstein.

Mikroklima: Klima bei einer Flächenausdehnung unter 1 km^2 (z. B. Klima in einem Pflanzenbestand oder an einem Hang).

Milchkräuter: umfasst gelbe und orange Korbblütler (z. B. Rauer Löwenzahn, Gold-Pippau). Sind charakteristisch für Milchkrautweiden.

Mineralisierung: vollständiger mikrobieller Abbau organischer Substanzen zu anorganischen Stoffen (CO_2, H_2O, mineralische Pflanzennährelemente). Dabei wird auch Energie freigesetzt.

Mykorrhiza: Symbiose von Pilzen mit Pflanzenwurzeln. Verbessert die Phosphor- und Stickstoffversorgung der Pflanzen.

Oberboden: stark durchwurzelter und durch Humus dunkel gefärbter oberster Mineralbodenhorizont (A-Horizont).

Ökosystemleistungen: Leistungen, die von der Natur erbracht und vom Menschen genutzt werden.

Ozeanisches Klima: charakteristisch sind milde Winter und mäßig warme Sommer, geringe Temperaturschwankungen, hohe Niederschläge, Luftfeuchtigkeit und Bewölkung.

Pfahlwurzel: kräftige und tiefreichende Wurzel, die sich aus der Keimwurzel zur Hauptwurzel entwickelt. Wichtiges Speicherorgan der Pflanze.

P-Horizont: durch Stauwasser geprägte, fahlgraue Stauzone mit Roströhren und Rostflecken.

Pionierpflanze: besiedelt Vegetationslücken (offene Bodenstellen) und vegetationsfreies Substrat (z. B. Bleicher Klee).

Plaiken: vegetationsfreie Flächen auf Steilhängen im Gebirge resultierend aus Schneegleiten und Schneerutsch. Plaikenerosion tritt bevorzugt auf brachliegenden Almflächen auf.

Platzräuber: unerwünschte Pflanzen (z. B. Alpen-Ampfer) beanspruchen den Wuchsraum wertvoller Almfutterpflanzen.

Podsolierung: Verlagerung gelöster organischer Stoffe zusammen mit Aluminium und Eisen durch Sickerwasser aus dem Oberboden in den Unterboden infolge starker Bodenversauerung.

Pseudovergleyt: durch Stauwasser beeinflusst („Wasser von oben").

Rhizom (Wurzelstock): unterirdisch horizontal wachsende, mehr oder weniger verdickte Sprossachse mit sprossbürtigen Wurzeln und schuppigen Niederblättern. Dient der vegetativen Fortpflanzung und zur Speicherung von Stärke.

Rohboden: initiale Bodenbildung auf Festgestein oder Lockersediment. Charakteristisch ist die geringmächtige Humusschicht.

Rohhumus: mehr als 5 cm mächtige, sehr stark saure (pH unter 4,2) Auflagehumusschicht.

Rohhumusbildner: Pflanzen, die schwer abbaubare und nährstoffarme Bestandesabfälle liefern (z. B. Zirbe, Rostblättrige Alpenrose).

Rosettenpflanze: ausdauernde Pflanze mit grundständiger Blattrosette und blattlosem Blütenstiel (z. B. Gänseblümchen).

Schirmchenflieger: besitzen Diasporen mit Haaren oder Schirmen (z. B. Alpen-Löwenzahn, Waldstein-Weide). Diasporen werden kilometerweit mit dem Wind verfrachtet (Fernausbreitung). Häufig bei Pionierpflanzen.

Schleier: zartes Häutchen, das einen Sorus bei Farnen bedeckt.

Schneetälchen: besonders schneereiche Standorte (insbesondere Mulden) mit sehr kurzer Vegetationszeit und langanhaltender Staunässe am Beginn der Vegetationsperiode.

Schwenden: mechanisches Entfernen von Gehölzpflanzen (Jungbäume, Sträucher, Zwergsträucher).

Silikatgesteine: bestehen überwiegend aus Silikatmineralen, insbesondere Feldspäte, Glimmer und Quarz. Zu den Silikatgesteinen gehören beispielsweise Granite, Gneise, kristalline Schiefer, Quarzphyllite, Quarzsandsteine und Quarzite.

Sommergrün: die Laubblätter sind nur während der Vegetationszeit grün, sie sterben in der kalten Jahreszeit ab.

Sorus: Behälter, in dem die Sporen von Farnen gebildet werden.

Spindel: Mittelrippe eines gefiederten Blattes.

Standort: Gesamtheit der am Wuchsort einer Pflanze einwirkenden physikalischen, chemischen, biologischen und mechanischen Faktoren. Entscheidet über Vorkommen und Wachstum der Pflanzen.

Stauwasser: entsteht durch Regen- oder Schneeschmelzwasser, das die oberen Bodenschichten infolge mangelhafter Versickerung vorübergehend vernässt.

Stauzone: im Gebirge vor allem während der Schneeschmelze im Frühling vernässte obere Bodenschicht, weil das Schneeschmelzwasser nicht oder nur sehr langsam im Boden versickern kann.

Stockausschlag: Triebe bei Bäumen und Sträuchern (z. B. Erle, Weide), die nach dem Verlust der Sprossachse neu austreiben.

Strahlenblüte: zungenförmige Randblüte der Korbblütler. Die vergrößerten Randblüten dienen als Schauapparat zum Anlocken von Insekten.

Subspecies, ssp.: Unterarten unterscheiden sich geringfügig hinsichtlich Pflanzenmerkmalen, Standortansprüchen oder geographischer Verbreitung (z. B. Bergwiesen-Bärenklau, *Heracleum sphondylium ssp. elegans*).